16G101 图集
这样用更简单！

平法钢筋识图

罗　艳　主编

U0309268

华中科技大学出版社
http://www.hustp.com
中国·武汉

图书在版编目(CIP)数据

平法钢筋识图/罗艳主编. —武汉:华中科技大学出版社,2017.4(2020.8 重印)
(16G101 图集这样用更简单)
ISBN 978-7-5680-2025-1

Ⅰ.①平… Ⅱ.①罗… Ⅲ.①钢筋混凝土结构-建筑构图-识图 Ⅳ.①TU375

中国版本图书馆 CIP 数据核字(2017)第 052691 号

16G101 图集这样用更简单
平法钢筋识图
PINGFA GANGJIN SHITU

罗 艳 主编

出版发行:华中科技大学出版社(中国·武汉)　　电话:(027)81321913
　　　　　武汉市东湖新技术开发区华工科技园　　邮编:430223
出 版 人:阮海洪

责任编辑:杨 森　　　　　　　　　　　　　　　责任监印:徐 露
责任校对:宁振鹏　　　　　　　　　　　　　　　装帧设计:张 靖

印　　刷:武汉科源印刷设计有限公司
开　　本:787 mm×1092 mm　　1/16
印　　张:13.75
字　　数:308 千字
版　　次:2020 年 8 月第 1 版第 5 次印刷
定　　价:39.80 元

投稿热线:(010)64155588 - 8034
本书若有印装质量问题,请向出版社营销中心调换
全国免费服务热线:400 - 6679 - 118　竭诚为您服务

编写委员会

主　编：罗　艳
委　员：郭华良　张日新　郭丽峰
　　　　张福芳　葛新丽　梁燕倩
　　　　李同庆　郝鹏飞　郭爱荣
　　　　张　蒙　彭美丽　张利平
　　　　郭玉忠　计富元　王文彪
　　　　陈　楠　张海鹰　魏文丽
　　　　潘寅杰　张　跃　苗艳

内容提要

本书分为 4 章，包括平法的基础知识、平法制图规则、平法识图方法和平法识图实例。

本书可作为工程施工管理人员和工程监理人员的实际工作指导用书，也可作为大中专院校相关专业师生的学习参考书。

前　言

　　平法,即建筑结构施工图平面整体设计方法,由山东大学陈青来教授首次提出。平法的诞生,极大地提高了结构设计的效率,如今混凝土结构设计施工图绝大部分均采用平法制图的方法绘制。自 1996 年第一本平法标准图集 96G101 发布实施,迄今已有 14 本平法标准图集相继发布。

　　随着我国建筑业的蓬勃发展,钢筋作为建筑工程的主要工程材料,由于其具备的优越性能,已成为大型建筑首选的结构形式,在建筑结构中的应用越来越多。在施工过程中做到技术先进、经济合理、确保质量地快速施工,对我国的现代化建设具有重要意义。

　　"16G101 图集这样用最简单"丛书一共两本,分别为《平法钢筋识图》《平法钢筋算量》,均以《混凝土结构施工图平面整体表示方法制图规则和构造详图(现浇混凝土框架、剪力墙、梁、板)》(16G101－1)、《混凝土结构施工图平面整体表示方法制图规则和构造详图(现浇混凝土板式楼梯)》(16G101－2)和《混凝土结构施工图平面整体表示方法制图规则和构造详图(独立基础、条形基础、筏形基础、桩基础)》(16G101－3)三本最新图集为基础编写,理论与实践相结合,更加注重实际经验的运用,结构体系上重点突出、详略得当,方便读者理解掌握。

　　在本书编写过程中,得到有关专家的大力帮助,参阅和借鉴了大量的文献资料,同时也改编了大量的案例和训练素材。为了行文方便,未能在书中一一注明,在此,我们向有关专家和原作者致以真诚的感谢。

　　由于编者的水平有限,虽经尽心尽力,但书中难免存在不足之处,恳请广大读者朋友批评指正。

编　者

2017 年 2 月

Contents

目录

第三章　平法识图方法

第四章 平法识图示例

参考文献

第一章 平法施工图的基础知识

第一节　平法识图基础知识

一、平法的概念

由《混凝土结构施工图平面整体表示方法制图规则和构造详图(现浇混凝土框架、剪力墙、梁、板)》(16G101-1)标准图集可知,平法即混凝土结构施工图平面整体表示方法。

平法的表达形式,概括来讲,就是把结构构件的尺寸和配筋等,按照平面整体表示方法制图规则,整体直接表达在各类构件的结构平面布置图上,再与标准构造详图相配合,即构成一套新型完整的结构设计。它改变了传统的将构件从结构平面布置图中索引出来,再逐个绘制配筋详图、画出钢筋表的繁琐方法。

要点提示

平法的六大效果:掌控全局、更简单、更专业、高效率、低能耗、改变用人结构。

二、平法施工图的制图规则

(1)按平法设计绘制的施工图,一般是由各类结构构件的平法施工图和标准构造详图两大部分构成。但对于复杂的工业与民用建筑,还需增加模板、开洞和预埋件等平面图。只有在特殊情况下才需增加剖面配筋图。

(2)按平法设计绘制结构施工图时,必须根据具体工程设计,按照各类构件的平法制图规则,在按结构(标准)层绘制的平面布置图上直接表示各构件的尺寸、配筋。

(3)在平面布置图上表示各构件尺寸和配筋的方式,分为平面注写方式、列表注写方式和截面注写方式三种。

(4)按平法设计绘制结构施工图时,应将所有柱、剪力墙、梁和板等构件进行编号,编号中含有类型代号和序号等。其中,类型代号的主要作用是指明所选用的标准构造详图;在标准构造详图上,已经按其所属构件类型注明代号,以明确该详图与平法施工图中该类型构件的互补关系,使两者结合构成完整的结构设计图。

(5)按平法设计绘制结构施工图时,应当用表格或其他方式注明包括地下和地上各层的结构层楼(地)面标高、结构层高及相应的结构层号。其结构层楼面标高和结构层高在单项工程中必须统一,以保证基础、柱与墙、梁、板、楼梯等构件用同一标准竖向定位。为施工方便,应将统一的结构层楼面标高和结构层高分别放在柱、墙、梁等各类构件的平法施工图中。

①结构层楼面标高是指将建筑图中的各层地面和楼面标高值扣除建筑面层及垫层做法厚度后的标高,结构层号应与建筑楼层号对应一致。

②当具体工程的全部基础底面标高相同时,基础底面基准标高即为基础底面标高。当基础底面标高不同时,应取多数相同的基础底面标高为基础底面基准标高,其他少数标高不同者应标明范围并注明标高。

(6)为了确保施工人员准确无误地按平法施工图进行施工,在具体工程施工图中必须写明以下与平法施工图密切相关的内容:

①注明所选用平法标准图的图集号,以免图集改版后在施工中用错版本。

②写明混凝土结构的设计使用年限。

③抗震设计时,应写明抗震设防烈度及抗震等级,以明确选用相应抗震等级的标准构造详图。

④写明各类构件在不同部位所选用的混凝土的强度等级和钢筋级别,以确定相应纵向受拉钢筋的最小锚固长度及最小搭接长度等。当采用机械锚固形式时,设计者应指定机械锚固的具体形式、必要的构件尺寸及质量要求。

⑤当标准构造详图有多种可选择的构造做法时,写明在何部位选用何种构造做法。当未写明时,则为设计人员自动授权施工人员可以任选一种构造做法进行施工。例如:框架顶层端节点配筋构造、复合箍中拉筋弯钩做法、无支撑板端部封边构造等。某些节点要求设计者必须写明在何部位选用何种构造做法,例如:板的上部纵向钢筋在端支座的锚固、地下室外墙与顶板的连接、剪力墙上柱 QZ 纵筋构造方式、剪力墙水平分布钢筋是否计入约束边缘构件体积配箍率计算、非底部加强部位剪力墙构造边缘构件是否设置外圈封闭箍筋等。

⑥写明柱(包括墙柱)纵筋、墙身分布筋、梁上部贯通筋等在具体工程中需接长时所采用的连接形式及有关要求。必要时,还应注明对接头的性能要求。轴心受拉及小偏心受拉构件的纵向受力钢筋不得采用绑扎搭接,设计者应在平法施工图中注明其平面位置及层数。

⑦写明结构不同部位所处的环境类别。

⑧注明上部结构的嵌固部位位置。

⑨设置后浇带时,注明后浇带的位置、浇筑时间和后浇混凝土的强度等级,以及其他特殊要求。

⑩当采用防水混凝土时,应注明抗渗等级,还应注明施工缝、变形缝、后浇带、预埋件等采用的防水构件类型。

⑪当柱、墙或梁与填充墙需要拉结时,其构造详图应由设计者根据墙体材料和规范要求选用相关国家建筑标准设计图集或自行绘制。

⑫当具体工程需要对《混凝土结构施工图平法整体表示方法制图规则和构造详图》(16G101)的标准构造详图做局部变更时,应注明变更的具体内容。

⑬当具体工程中有特殊要求时,应在施工图中另加说明。

(7)为方便设计表达和施工识图,规定结构平面的坐标方向为:

①当两项轴网正交布置时,图面从左至右为 X 向,从下至上为 Y 向;当轴网在位置转向时,局部坐标方向顺轴网的转向角度做相应转动,转动后的坐标应加图示。

②当轴网向心布置时,切向为 X 向,径向为 Y 向,并应加图示。

③对于平面布置比较复杂的区域,如轴网转折交界区域、向心布置的核心区域,其平面坐标方向由设计者另行规定并加图示。

(8)对钢筋的混凝土保护层厚度、钢筋搭接和锚固长度,除在结构施工图中另有注明者外,均需按《混凝土结构施工图平面整体表示方法制图规则和构造详图》(16G101)中的有关构造规定执行。

第二节　钢筋的制图表示

一、钢筋的一般表示方法

(1)普通钢筋的一般表示方法应符合表 1-1 的规定。

表 1-1　普通钢筋

名称	图例	说明
钢筋横断面	•	—
无弯钩的钢筋端部		下图表示长、短钢筋投影重叠时,短钢筋的端部用 45°斜画线表示
带半圆形弯钩的钢筋端部		—
带直钩的钢筋端部		—
带丝扣的钢筋端部		—
无弯钩的钢筋搭接		—
带半圆弯钩的钢筋搭接		—
带直钩的钢筋搭接		—
花篮螺丝钢筋接头	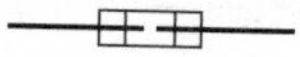	—
机械连接的钢筋接头		用文字说明机械连接的方式(如冷挤压或直螺纹等)

(2)预应力钢筋的表示方法应符合表1-2的规定。

表1-2　预应力钢筋

名称	图例
预应力钢筋或钢绞线	—————·—··—··
后张法预应力钢筋断面无黏结预应力钢筋断面	⊕
预应力钢筋断面	+
张拉端锚具	 ▷—·—··—··
固定端锚具	▷—·—··—··
锚具的端视图	 ⊕
可动连接件	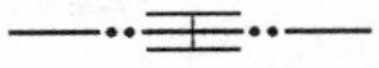 —·—══—··
固定连接件	 —··—+—··

(3)钢筋网片的表示方法应符合表1-3的规定。

表1-3　钢筋网片

名称	图例
一片钢筋网平面图	 W-1
一行相同的钢筋网平面图	 3W-1

注:用文字注明焊接网或绑扎网片。

(4)钢筋的焊接接头的表示方法应符合表1-4的规定。

表1-4　钢筋的焊接接头

名称	接头形式	标注方法
单面焊接的钢筋接头	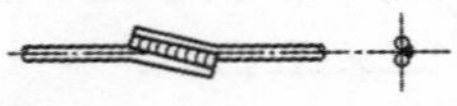	
双面焊接的钢筋接头		
用帮条单面焊接的钢筋接头	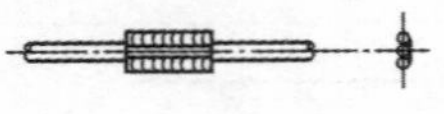	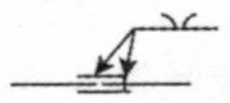
用帮条双面焊接的钢筋接头	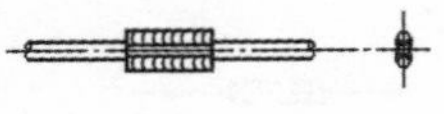	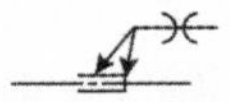
接触对焊的钢筋接头(闪光焊、压力焊)		

续表

名称	接头形式	标注方法
坡口平焊的钢筋接头	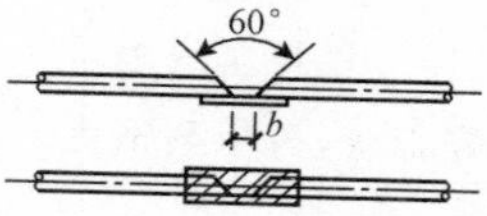	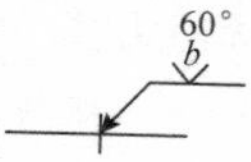
坡口立焊的钢筋接头	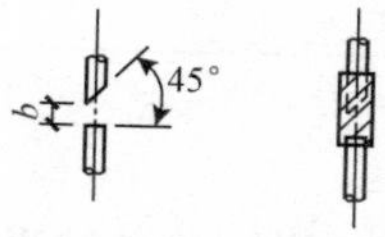	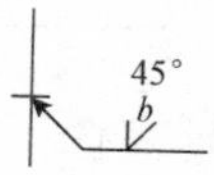
用角钢或扁钢做连接板焊接的钢筋接头	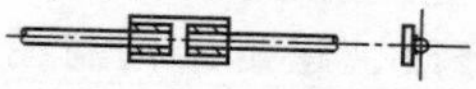	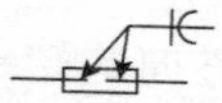
钢筋或螺(锚)栓与钢板穿孔塞焊的接头	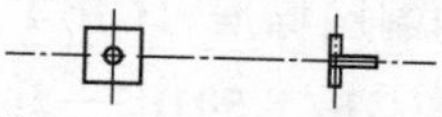	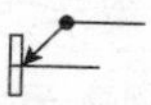

(5)钢筋的画法应符合表 1-5 的规定。

表 1-5　钢筋画法

说明	图例
在结构楼板中配置双层钢筋时,低层钢筋的弯钩应向上或向左,顶层钢筋的弯钩则向下或向右	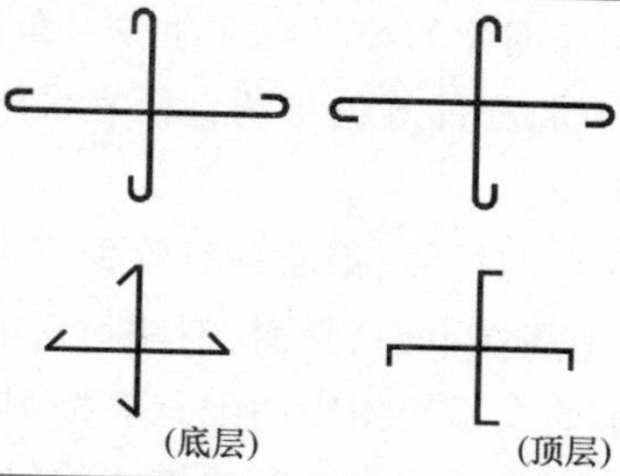 (底层)　　(顶层)
钢筋混凝土墙体配双层钢筋时,在配筋立面图中,远面钢筋的弯钩应向上或向左,而近面钢筋的弯钩向下或向右(JM 近面,YM 远面)	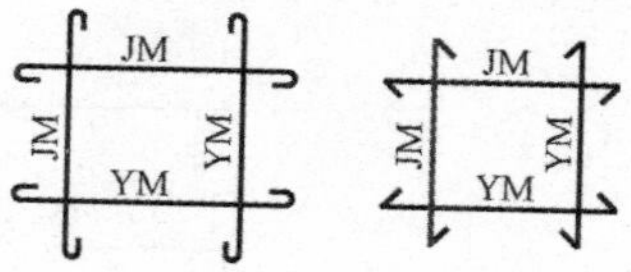
若在断面图中不能表达清楚钢筋布置,应在断面图外增加钢筋大样图(如钢筋混凝土墙、楼梯等)	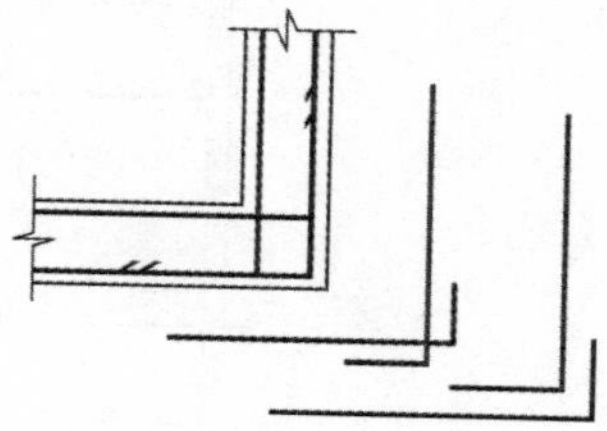
图中所表示的箍筋、环筋等若布置复杂时,可加画钢筋大样及说明	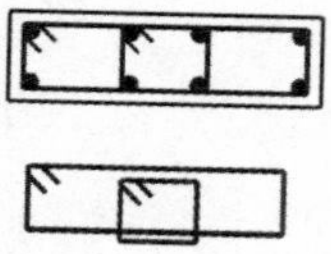

续表

说明	图例
每组相同的钢筋、箍筋或环筋,可用一根粗实线表示,同时用一两端带斜短画线的横穿细线,表示其钢筋及起止范围	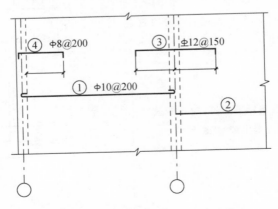

要点提示

　　《建筑结构制图标准》(GB/T 50105—2010)表 3.1.2 中钢筋画法(即表 1-5)的 1、2 项图例表示钢筋方向的端部做法做了修改,《建筑结构制图标准》(GB/T 50105—2001)中表示方法是引用 ISO 的表示方法,《建筑结构制图标准》(GB/T 50105—2010)中修改还是遵照我国的习惯表示方法。《建筑结构制图标准》(GB/T 50105—2010)中钢筋的画法的第 4 项图例,仅保留复合箍筋大箍套小箍的做法。端部的弯钩不代表制作时必须的要求。

　　(6)钢筋、钢丝束及钢筋网片应按下列规定进行标注:

　　①钢筋、钢丝束的说明应给出钢筋的代号、直径、数量、间距、编号及所在位置,其说明应沿钢筋的长度标注或标注在相关钢筋的引出线上。

　　②钢筋网片的编号应标注在对角线上。网片的数量应与网片的编号标注在一起。

　　③钢筋、杆件等编号的直径宜采用 5～6 mm 的细实线圆表示,其编号应采用阿拉伯数字按顺序编写。

　　④简单的构件、钢筋种类较少可不编号。

　　(7)钢筋在平面、立面、剖(断)面中的表示方法应符合下列规定:

　　①钢筋在平面图中的配置应按图 1-1 所示的方法表示。当钢筋标注的位置不够时,可采用引出线标注。引出线标注钢筋的斜短画线应为中实线或细实线。

图 1-1　钢筋在楼板配筋图中的表示方法

②当构件布置较简单时,结构平面布置图可与板配筋平面图合并绘制。

③平面图中的钢筋配置较复杂时,可按表1-5及图1-2的方法绘制。

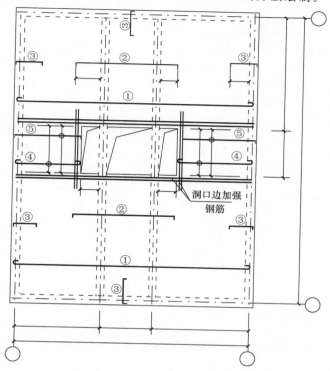

图1-2 楼板配筋较复杂的表示方法

④钢筋在梁纵、横断面图中的配置,应按图1-3所示的方法表示。

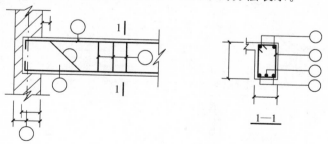

图1-3 梁纵、横断面图中钢筋表示方法

要点提示

《建筑结构制图标准》(GB/T 50105—2010)中增加了平面图中钢筋配置较复杂时的绘制方法。钢筋或杆件编号时,对其编号符号圆圈直径和编写顺序作出规定。

当在图中的注写位置不够时,可采用引出线标注。对于简单的结构平面可将模板图与楼板配筋图合并绘制。

(8)构件配筋图中箍筋的长度尺寸,应指箍筋的里皮尺寸。弯起钢筋的高度尺寸,应指钢筋的外皮尺寸(见图 1-4)。

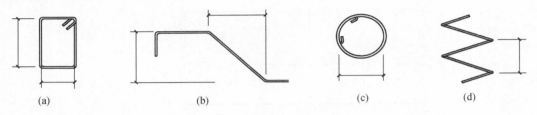

(a)　　　　　　　　(b)　　　　　　　　(c)　　　　　　(d)

图 1-4　钢箍尺寸标注法

(a)箍筋尺寸标注;(b)弯起钢筋尺寸标注(c)环形钢筋尺寸标注;(d)螺旋钢筋尺寸标注

二、钢筋的简化表示方法

(1)当构件对称时,采用详图绘制构件中的钢筋网片可按图 1-5 的方法用 1/2 或 1/4 表示。

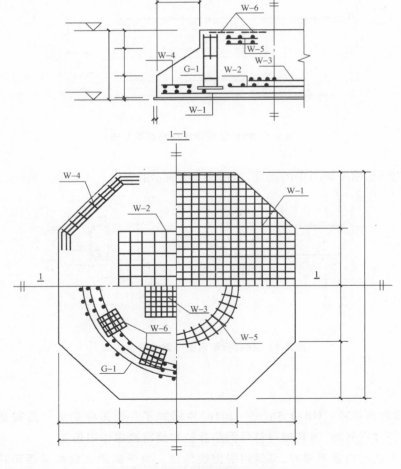

图 1-5　构件中钢筋简化表示方法

（2）钢筋混凝土构件配筋较简单时，宜按下列规定绘制配筋平面图：

①独立基础宜按图 1-6（a）的规定，在平面模板图左下角绘出波浪线，绘出钢筋并标注钢筋的直径、间距等。

②其他构件宜按图 1-6（b）的规定，在某一部位绘出波浪线，绘出钢筋并标注钢筋的直径、间距等。

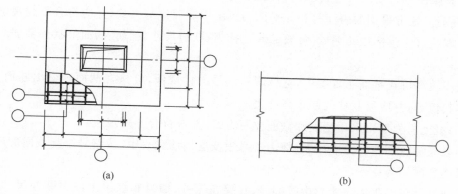

图 1-6　构件配筋简化表示方法（一）

（a）独立基础；（b）其他构件

（3）对称的混凝土构件，宜按图 1-7 的规定，在同一图样中一半表示模板，另一半表示配筋。

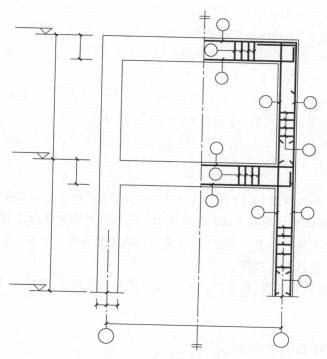

图 1-7　构件配筋简化表示方法（二）

三、文字注写构件的表示方法

（1）在现浇混凝土结构中，构件的截面和配筋等数值可采用文字注写方式表达。

（2）按结构层绘制的平面布置图中，直接用文字表达各类构件的编号（编号中含有构件的类型代号和顺序号）、断面尺寸、配筋及有关数值。

（3）混凝土柱可采用列表注写和在平面布置图中截面注写方式，并应符合下列规定：

①列表注写应包括柱的编号、各段的起止标高、断面尺寸、配筋、断面形状和箍筋的类型等有关内容；

②截面注写可在平面布置图中，选择同一编号的柱截面，直接在截面中引出断面尺寸、配筋的具体数值等，并应绘制柱的起止高度表。

（4）混凝土剪力墙可采用列表和截面注写方式，并应符合下列规定：

①列表注写分别在剪力墙柱表、剪力墙身表及剪力墙梁表中，按编号绘制截面配筋图并注写断面尺寸和配筋等；

②截面注写可在平面布置图中按编号，直接在墙柱、墙身和墙梁上注写断面尺寸、配筋等具体数值的内容。

（5）混凝土梁可采用在平面布置图中的平面注写和截面注写方式，并应符合下列规定：

①平面注写可在梁平面布置图中，分别在不同编号的梁中选择一个，直接注写编号、断面尺寸、跨数、配筋的具体数值和相对高差（无高差可不注写）等内容；

②截面注写可在平面布置图中，分别在不同编号的梁中选择一个，用剖面号引出截面图形并在其上注写断面尺寸、配筋的具体数值等。

（6）重要构件或较复杂的构件，不宜采用文字注写方式表达构件的截面尺寸和配筋等有关数值，宜采用绘制构件详图的表示方法。

（7）基础、楼梯、地下室结构等其他构件，当采用文字注写方式绘制图纸时，可采用在平面布置图上直接注写有关具体数值，也可采用列表注写的方式。

（8）采用文字注写构件的尺寸、配筋等数值的图样，应绘制相应的节点做法及标准构造详图。

要点提示

本部分为《建筑结构制图标准》（GB/T 50105—2010）新增规定。文字注写构件的表示方法即建筑结构平面整体设计表示方法（简称"平法"），是我国现浇混凝土结构施工图表示方法的重大改革，被原国家科委列为"'九五'国家级科技成果重点推广计划"项目，并被原建设部列为 1996 年科技成果重点推广项目。

经过十几年的推广和使用，已被广大的工程技术人员所接受，并产生了很大的社会效益和经济效益。

四、预埋件、预留孔洞的表示方法

（1）在混凝土构件上设置预埋件时，可按图 1-8 的规定在平面图或立面图上表示。引出线指向预埋件,并标注预埋件的代号。

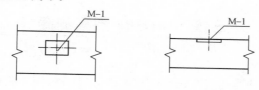

图1-8 预埋件的表示方法

(2)在混凝土构件的正、反面同一位置均设置相同的预埋件时,可按图1-9的规定,引出线为一条实线和一条虚线并指向预埋件,同时在引出横线上标注预埋件的数量及代号。

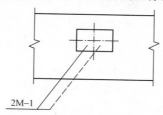

图1-9 同一位置正、反面预埋件相同的表示方法

(3)在混凝土构件的正、反面同一位置设置编号不同的预埋件时,可按图1-10的规定引一条实线和一条虚线并指向预埋件。引出横线上标注正面预埋件代号,引出横线下标注反面预埋件代号。

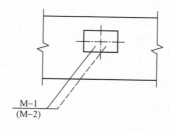

图1-10 同一位置正、反面预埋件不相同的表示方法

(4)在构件上设置预留孔、洞或预埋套管时,可按图1-11的规定在平面或断面图中表示。引出线指向预留(埋)位置,引出横线上方标注预留孔、洞的尺寸,预埋套管的外径。横线下方标注孔、洞(套管)的中心标高或底标高。

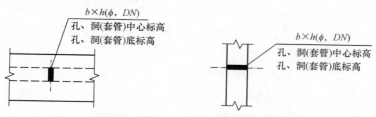

图1-11 预留孔、洞及预埋套管的表示方法

第三节　16G101 图集的简介

(1)16G101 图集根据住房和城乡建设部建质函〔2016〕89 号《关于印发〈2016 年国家建筑标准设计编制工作计划〉的通知》进行编制。

(2)16G101 图集是混凝土结构施工图采用建筑结构施工图平面整体设计方法的国家建筑标准设计图集。

平法的表达形式,概括讲,是把结构构件的尺寸和配筋等,按照平面整体表示方法制图规则,整体直接表达在各类构件的结构平面布置图上,再与标准构造详图相配合,即构成一套完整的结构设计施工图纸。

16G101 平法系列图集包括:

《混凝土结构施工图平面整体表示方法制图规则和构造详图(现浇混凝土框架、剪力墙、梁、板)》(16G101-1)(以下简称 16G101-1 图集);

《混凝土结构施工图平面整体表示方法制图规则和构造详图(现浇混凝土板式楼梯)》(16G101-2)(以下简称 16G101-2 图集);

《混凝土结构施工图平面整体表示方法制图规则和构造详图(独立基础、条形基础、筏形基础、桩基础)》(16G101-3)(以下简称 16G101-3 图集)。

(3)16G101 图集标准构造详图的主要设计依据:

《中国地震动参数区划图》(GB 18306—2015)

《混凝土结构设计规范(2015 年版)》(GB 50010—2010);

《建筑抗震设计规范》及 2016 年局部修订(GB 50011—2010);

《建筑地基基础设计规范》(GB 50007—2011);

《高层建筑混凝土结构技术规程》(JGJ 3—2010);

《建筑桩基技术规范》(JGJ 94—2008);

《地下工程防水技术规范》(GB 50108—2008);

《建筑结构制图标准》(GB/T 50105—2010)。

(4)16G101-1 图集包括基础顶面以上的现浇混凝土柱、剪力墙、梁、板(包括有梁楼盖和无梁楼盖)等构件的平法制图规则和标准构造详图两大部分内容。

16G101-2 图集包括现浇混凝土板式楼梯制图规则和标准构造详图两部分内容。

16G101-3 图集包括常见的现浇混凝土独立基础、条形基础、筏形基础(分为梁板式和平板式)、桩基础的平法制图规则和标准构造详图两部分内容。

(5)16G101-1 图集适用于抗震设防烈度为 6~9 度地区的现浇混凝土框架、剪力墙、框架-剪力墙和部分框支剪力墙等主体结构施工图的设计,以及各类结构中现浇混凝土板(包括有梁楼盖和无梁楼盖)、地下室结构部分现浇混凝土墙体、柱、梁、板结构施工图的设计。

16G101-2 图集适用于抗震设防烈度为 6~9 度地区的现浇钢筋混凝土板式楼梯。

（6）16G101图集的制图规则，既是设计者完成平法施工图的依据，也是施工、监理等人员准确理解和实施平法施工图的依据。

（7）16G101图集中未包括的构造详图及其他未尽事项，应在具体设计中由设计者另行设计。

（8）当具体工程设计需要对16G101图集的标准构造详图做某些变更时，设计者应提供相应的变更内容。

（9）16G101-1图集、16G101-3图集构造节点详图中的钢筋，部分采用深红色线条表示。

（10）16G101图集的尺寸以毫米（mm）为单位，标高以米（m）为单位。

要点提示

16G101图集与11G101系列图集设计依据的变更。

16G101图集：

《中国地震动参数区划图》（GB 18306—2015）；

《混凝土结构设计规范（2015年版）》（GB 50010—2010）；

《建筑抗震设计规范》及2016年局部修订（GB 50011—2010）。

11G101图集：

《混凝土结构设计规范》（GB 50010—2010）；

《建筑抗震设计规范》（GB 50011—2010）。

第二章 平法施工图制图规则

第一节　柱平法施工图制图规则

一、柱平法施工图的表示方法

(1)柱平法施工图是在柱平面布置图上采用列表注写方式或截面注写方式表达。

(2)柱平面布置图,可采用适当比例单独绘制,也可与剪力墙平面布置图合并绘制。

(3)在柱平法施工图中,应注明各结构层的楼面标高、结构层高及相应的结构层号,尚应注明上部结构嵌固部位位置。

二、柱平法施工图列表注写方式

(1)列表注写方式是指,在柱平面布置图上(一般只需采用适当比例绘制一张柱平面布置图,包括框架柱、框支柱、梁上柱和剪力墙上柱),在相同编号的柱中各选择一个(有时需要选择几个)截面标注几何参数代号;在柱表中注写柱编号、柱段起止标高、几何尺寸(含柱截面对轴线的偏心情况)与配筋的具体数值,并配以各种柱截面形状及其箍筋类型图的方式,来表达柱平法施工图。

(2)柱表注写内容规定如下。

①注写柱编号。柱编号由类型代号和序号组成,应符合表 2-1 的规定。

表 2-1　柱编号

柱类型	代号	序号
框架柱	KZ	××
转换柱	ZHZ	××
芯柱	XZ	××
梁上柱	LZ	××
剪力墙上柱	QZ	××

注:编号时,当柱的总高、分段截面尺寸和配筋均对应相同,仅截面与轴线的关系不同时,仍可将其编为同一柱号,但应在图中注明截面与轴线的关系。

②注写各段柱的起止标高,自柱根部往上以变截面位置或截面未变但配筋改变处为界分段注写。具体内容:

　　a. 框架柱和框支柱的根部标高是指基础顶面标高;

　　b. 芯柱的根部标高是指根据结构实际需要而定的起始位置标高;

　　c. 梁上柱的根部标高是指梁顶面标高;

　　d. 剪力墙上柱的根部标高为墙顶面标高。

③对于矩形柱,注写柱截面尺寸 $b \times h$ 及与轴线关系的几何参数代号 b_1、b_2 和 h_1、h_2 的具体数值,需对应于各段柱分别注写。其中,$b=b_1+b_2$,$h=h_1+h_2$。当截面的某一边收缩变化至与轴线重合或偏到轴线的另一侧时,b_1、b_2、h_1、h_2 中的某项为零或为负值。

对于圆柱,表中 $b \times h$ 一栏改用在圆柱直径数字前加 d 表示。为表达简单,圆柱截面与轴线的关系也用 b_1、b_2 和 h_1、h_2 表示,并使 $d=b_1+b_2=h_1+h_2$。

对于芯柱,根据结构需要,可以在某些框架柱的一定高度范围内,在其内部的中心位置设置(分别引注其柱编号)。芯柱截面尺寸按构造确定,并按 16G101－1 图集中标准构造详图施工,设计不需注写;当设计者采用与本构造详图不同的做法时,应另行注明。芯柱定位随框架柱,不需要注写其与轴线的几何关系。

④注写柱纵筋。当柱纵筋直径相同,各边根数也相同时(包括矩形柱、圆柱和芯柱),将纵筋注写在"全部纵筋"一栏中。除此之外,柱纵筋分角筋、截面 b 边中部筋和 h 边中部筋三项分别注写(对于采用对称配筋的矩形截面柱,可仅注写一侧中部筋,对称边省略不注)。

⑤注写箍筋类型及箍筋肢数,在箍筋类型栏内注写。

⑥注写柱箍筋,包括钢筋级别、直径与间距。用斜线"/"区分柱端箍筋加密区与柱身非加密区长度范围内箍筋的不同间距。施工人员需根据标准构造详图的规定,在规定的几种长度值中取其最大者作为加密区长度。当框架节点核心区内箍筋与柱端箍筋设置不同时,应在括号中注明核心区箍筋直径及间距。

　　箍筋的注写示例。

　　Φ10@100/250,表示箍筋为 HPB300 级钢筋,直径为 10 mm,加密区间距为 100 mm,非加密区间距为 250 mm。

当箍筋沿柱全高为一种间距时,不使用斜线"/"。

　　Φ10@100,表示沿柱全高范围内箍筋均为 HPB300 级钢筋,直径为 10 mm,间距为 100 mm,沿柱全高加密。

当圆柱采用螺旋箍筋时,需在箍筋前加"L"。

　　LΦ10@100/200,表示采用螺旋箍筋,HPB300 级钢筋,直径为 10 mm,加密区间距为 100 mm,非加密区间距为 200 mm。

（3）具体工程所设计的各种箍筋类型图及箍筋复合的具体方式,需画在表的上部或图中的适当位置,并在其上标注与表中相对应的 b、h 和类型号。

注:确定箍筋肢数时要满足对柱纵筋"隔一拉一"及箍筋肢距的要求。

三、柱平法施工图截面注写方式

（1）柱平法施工图截面注写方式是指,在柱平面布置图的柱截面上,分别在同一编号的柱中选择一个截面,以直接注写截面尺寸和配筋具体数值。

（2）对除芯柱之外的所有柱截面进行编号,从相同编号的柱中选择一个截面,按另一种比例原位放大绘制柱截面配筋图,并在各配筋图上继其编号后再注写截面尺寸 $b×h$、角筋或全部纵筋(当纵筋采用一种直径且能够图示清楚时)、箍筋的具体数值,以及在柱截面配筋图上标注柱截面与轴线关系 b_1、b_2、h_1、h_2 的具体数值。

当纵筋采用两种直径时,需再注写截面各边中部筋的具体数值(对于采用对称配筋的矩形截面柱,可仅在一侧注写中部筋,对称边省略不注)。

在某些框架柱的一定高度范围内,在其内部的中心位设置芯柱时,首先进行编号,继其编号之后注写芯柱的起止标高、全部纵筋及箍筋的具体数值,芯柱截面尺寸按构造确定,并按标准构造详图施工,设计不注;当设计者采用与本构造详图不同的做法时,应另行注明。芯柱定位随框架柱,不需要注写其与轴线的几何关系。

（3）在截面注写方式中,如柱的分段截面尺寸和配筋均相同,仅截面与轴线的关系不同时,可将其编为同一柱号。但此时应在未画配筋的柱截面上注写该柱截面与轴线关系的具体尺寸。

四、其他

柱平面布置图,可采用适当比例单独绘制,也可与剪力墙平面布置图合并绘制。当按上述方法绘制柱平面布置图时,如果局部区域发生重叠、过挤现象,可在该区域采用另外一种比例绘制予以消除。

第二节　剪力墙平法施工图制图规则

◄━━━━━━━━━◆━━━━━━━━━►

一、剪力墙平法施工图的表示方法

（1）剪力墙平法施工图是在剪力墙平面布置图上采用列表注写方式或截面注写方式表达。

（2）剪力墙平面布置图可采用适当比例单独绘制,也可与柱或梁平面布置图合并绘制。当剪力墙较复杂或采用截面注写方式时,应按标准层分别绘制剪力墙平面布置图。

（3）在剪力墙平法施工图中,应注明各结构层的楼面标高、结构层高及相应的结构层号,还应注明上部结构嵌固部位位置。

（4）对于轴线未居中的剪力墙(包括端柱),应标注其偏心定位尺寸。

二、剪力墙平法施工图列表注写方式

（1）表达清楚、简便。

为表达清楚、简便，剪力墙可视为由剪力墙柱、剪力墙身和剪力墙梁三类构件构成。列表注写方式，是分别在剪力墙柱表、剪力墙身表和剪力墙梁表中，对应于剪力墙平面布置图上的编号，用绘制截面配筋图并注写几何尺寸与配筋具体数值的方式，表达剪力墙平法施工图。

（2）编号规定。

将剪力墙按剪力墙柱、剪力墙身、剪力墙梁（简称为"墙柱""墙身""墙梁"）三类构件分别编号。

①墙柱编号，由墙柱类型、代号和序号组成，表达形式应符合表 2-2 的规定。

表 2-2　墙柱编号

墙柱类型	代号	序号
约束边缘构件	YBZ	××
构造边缘构件	GBZ	××
非边缘暗柱	AZ	××
扶壁柱	FBZ	××

注：约束边缘构件包括约束边缘暗柱、约束边缘端柱、约束边缘翼墙、约束边缘转角墙四种（见图 2-1）。构造边缘构件包括构造边缘暗柱、构造边缘端柱、构造边缘翼墙、构造边缘转角墙四种（见图 2-2）。

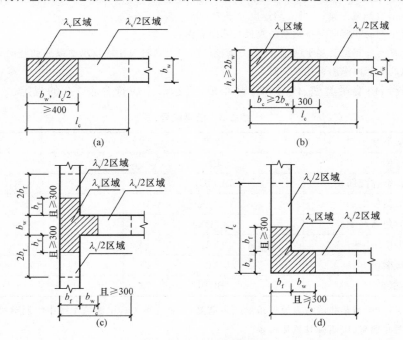

图 2-1　约束边缘构件

（a）约束边缘暗柱；（b）约束边缘端柱；（c）约束边缘翼墙；（d）约束边缘转角墙

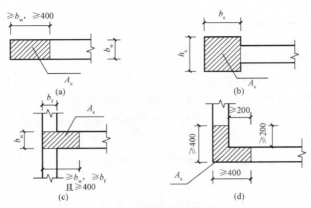

图 2-2　构造边缘构件

(a)构造边缘暗柱;(b)构造边缘端柱;

(c)构造边缘翼墙(括号中数值用于高层建筑);(d)构造边缘转角墙(括号中数值用于高层建筑)

②墙身编号,由墙身代号、序号及墙身所配置的水平与竖向分布钢筋的排数组成,其中,排数注写在括号内。表达形式为:

$$Q\times\times(\times排)$$

注:1. 在编号中,当若干墙柱的截面尺寸与配筋均相同,仅截面与轴线的关系不同时,可将其编为同一墙柱号;当若干墙身的厚度尺寸和配筋均相同,仅墙厚与轴线的关系不同或墙身长度不同时,也可将其编为同一墙身号,但应在图中注明与轴线的几何关系。

2. 当墙身所设置的水平与竖向分布钢筋的排数为 2 时可不注。

3. 对于分布钢筋网的排数规定:当剪力墙厚度不大于 400 mm,应配置双排;当剪力墙厚度大于 400 mm,但不大于 700 mm,宜配置三排;当剪力墙厚度大于 700 mm,宜配置四排。

各排水平分布钢筋和竖向分布钢筋的直径与间距宜保持一致。

当剪力墙配置的分布钢筋多于两排时,剪力墙拉筋两端应同时勾住外排水平纵筋和竖向纵筋,还应与剪力墙内排水平纵筋和竖向纵筋绑扎在一起。

③墙梁编号,由墙梁类型、代号和序号组成,表达形式应符合表 2-3 的规定。

表 2-3　墙梁编号

墙梁类型	代号	序号
连梁	LL	××
连梁(对角暗撑配筋)	LL(JC)	××
连梁(交叉斜筋配筋)	LL(JX)	××
连梁(集中对角斜筋配筋)	LL(DX)	××
连梁(跨高比不小于 5)	LLK	××
暗梁	AL	××
边框梁	BKL	××

注:在具体工程中,当某些墙身需设置暗梁或边框梁时,宜在剪力墙平法施工图中绘制暗梁或边框梁的平面布置图并编号,以明确其具体位置。

(3)在剪力墙柱表中表达的内容:

①注写墙柱编号(见表 2-2),绘制该墙柱的截面配筋图,标注墙柱几何尺寸。

a. 约束边缘构件(见图 2-1)需注明阴影部分尺寸。

注：剪力墙平面布置图中应注明约束边缘构件沿墙肢长度 l_c(约束边缘翼墙中沿墙肢长度尺寸为 $2b_f$ 时可不注)。

b. 构造边缘构件(见图 2-2)需注明阴影部分尺寸。

c. 扶壁柱及非边缘暗柱需标注几何尺寸。

②注写各段墙柱的起止标高,自墙柱根部往上以变截面位置或截面未变但配筋改变处为界分段注写。墙柱根部标高一般指基础顶面标高(部分框支剪力墙结构则为框支梁顶面标高)。

③注写各段墙柱的纵向钢筋和箍筋,注写值应与在表中绘制的截面配筋图对应一致。纵向钢筋注总配筋值,墙柱箍筋的注写方式与柱箍筋相同。

要点提示

设计施工时应注意：

(1)在剪力墙平面布置图中需注写约束边缘构件非阴影区内布置的拉筋或箍筋直径,与非阴影区箍筋直径相同时,可不注。

(2)当约束边缘构建体积配箍率计算中计入墙身水平分布箍筋时,设计者应注明。施工时,墙身水平分布钢筋应注意采用相应的构造做法。

(3)约束边缘构件非阴影区拉筋是沿剪力墙竖向分布钢筋逐根设置。施工时应注意,非阴影区外圈设置箍筋时,箍筋应包住阴影区内第二列竖向纵筋。当设计采用与本构造详图不同的做法时,应另行注明。

(4)当非底部加强部位构造边缘构件下不设置外圈封闭箍筋时,设计者应注明。施工时,墙身水平分布钢筋应注意采用相应的构造做法。

(4)在剪力墙身表中表达的内容：

①注写墙身编号(含水平与竖向分布钢筋的排数)。

②注写各段墙身起止标高,自墙身根部往上以变截面位置或截面未变但配筋改变处为界分段注写。墙身根部标高一般指基础顶面标高(部分框支剪力墙结构则为框支梁的顶面标高)。

③注写水平分布钢筋、竖向分布钢筋和拉筋的具体数值。注写数值为一排水平分布钢筋和竖向分布钢筋的规格与间距,具体设置几排已经在墙身编号后面表达。拉结筋应注明布置方式"矩形"或"梅花"布置,用于剪力墙分布钢筋的拉结,如图 2-3 所示。

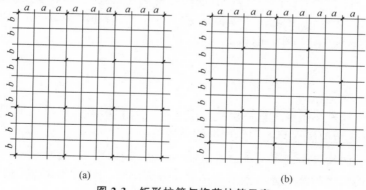

(a)   (b)

图 2-3　矩形拉筋与梅花拉筋示意

(a)拉结筋@3a3b 矩形($a \leqslant 200$ mm、$b \leqslant 200$ mm)；(b)拉结筋@4a4b 梅花($a \leqslant 150$ mm、$b \leqslant 150$ mm)

a—竖向分布钢筋间距；b—水平分布钢筋间距

(5)在剪力墙梁表中表达的内容,规定如下:

①注写墙梁编号,见表2-3。

②注写墙梁所在楼层号。

③注写墙梁顶面标高高差,是指相对于墙梁所在结构层楼面标高的高差值。高于者为正值,低于者为负值,当无高差时不注。

④注写墙梁截面尺寸$b×h$及上部纵筋、下部纵筋和箍筋的具体数值。

⑤当连梁设有对角暗撑时[代号为LL(JC)××],注写暗撑的截面尺寸(箍筋外皮尺寸);注写一根暗撑的全部纵筋,并标注×2表明有两根暗撑相互交叉;注写暗撑箍筋的具体数值。

⑥当连梁设有交叉斜筋时[代号为LL(JX)××],注写连梁一侧对角斜筋的配筋值,并标注×2表明对称设置;注写对角斜筋在连梁端部设置的拉筋根数、规格及直径,并标注×4表示四个角都设置;注写连梁一侧折线筋配筋值,并标注×2表明对称设置。

⑦当连梁设有集中对角斜筋时[代号为LL(DX)××],注写一条对角线上的对角斜筋,并标注×2表明对称设置。

⑧跨高比不小于5的连梁,按框架柱设计时(代号为LLk),采用平面注写方式,注写规则同框架梁,可采用适当比例单独绘制,也可与剪力墙平法施工图合并绘制。

墙梁侧面纵筋的配置,当墙身水平分布钢筋满足连梁、暗梁及边框梁的梁侧面纵向构造钢筋的要求时,该筋配置同墙身水平分布钢筋,表中不注,施工按标准构造详图的要求即可;当不满足要求时,应在表中补充注明梁侧面纵筋的具体数值;当为LLk时,平面注写方式以大写字母"N"打头。梁侧面纵向钢筋在支座内锚固要求同连梁中受力钢筋。

三、剪力墙平法施工图截面注写方式

(1)截面注写方式,是在分标准层绘制的剪力墙平面布置图上,直接在墙柱、墙身、墙梁上注写截面尺寸和配筋具体数值的。

(2)选用适当比例原位放大绘制剪力墙平面布置图,其中对墙柱绘制配筋截面图;对所有墙柱、墙身、墙梁分别进行编号,并分别在相同编号的墙柱、墙身、墙梁中选择一根墙柱、一道墙身、一根墙梁进行注写,其注写方式按以下规定进行:

①从相同编号的墙柱中选择一个截面,注明几何尺寸,标注全部纵筋及箍筋的具体数值。

注:约束边缘构件(见图2-1)除需注明阴影部分具体尺寸外,还需注明约束边缘构件沿墙肢长度l_c,约束边缘翼墙中沿墙肢长度尺寸为$2b_f$时可不注。

要点提示

设计施工时应注意:

若约束边缘构件体积配箍率计算中计入墙身水平分布钢筋在阴影区域内设置的拉筋,施工时,墙身水平分布钢筋应注意采用相应的构造做法。

②从相同编号的墙身中选择一道墙身,按顺序引注的内容为:墙身编号(应包括注写在括号内墙身所配置的水平与竖向分布钢筋的排数)、墙厚尺寸,水平分布钢筋、竖向分布钢筋和拉筋的具体数值。

③从相同编号的墙梁中选择一根墙梁,按顺序引注的内容如下:

a.注写墙梁编号、墙梁截面尺寸$b×h$、墙梁箍筋、上部纵筋、下部纵筋和墙梁顶面标高高

差的具体数值;

　　b. 当连梁设有对角暗撑时[代号为 LL(JC)××],注写规则同本节"列表注写方式"(5)中⑤的规定;

　　c. 当连梁设有交叉斜筋时[代号为 LL(JX)××],注写规则同本节"列表注写方式"(5)中⑥的规定;

　　d. 当连梁设有集中对角斜筋时[代号为 LL(DX)××],注写规则同本节"列表注写方式"(5)中⑦的规定。

　　e. 跨高比不小于 5 的连梁,按框架梁设计时(代号为 LLk××),注写规则同本节"列表注写方式"(5)中⑧的规定。

　　当墙身水平分布钢筋不能满足连梁、暗梁及边框梁的梁侧面纵向构造钢筋的要求时,应补充注明梁侧面纵筋的具体数值;注写时,以大写字母"N"打头,接续注写直径与间距。其在支座内的锚固要求同连梁中受力钢筋。

四、剪力墙洞口的表示方法

　　(1)无论采用列表注写方式还是截面注写方式,剪力墙上的洞口均可在剪力墙平面布置图上原位表达。

　　(2)洞口的具体表示方法。

　　①在剪力墙平面布置图上绘制洞口示意,并标注洞口中心的平面定位尺寸。

　　②在洞口中心位置引注:①洞口编号;②洞口几何尺寸;③洞口中心相对标高;④洞口每边补强钢筋。具体规定如下:

　　a. 洞口编号,矩形洞口为 JD××(××为序号),圆形洞口为 YD××(××为序号)。

　　b. 洞口几何尺寸,矩形洞口为洞宽×洞高($b \times h$),圆形洞口为洞口直径 D。

　　c. 洞口中心相对标高是相对于结构层楼(地)面标高的洞口中心高度,当其高于结构层楼面时为正值,低于结构层楼面时为负值。

　　d. 洞口每边补强钢筋,分以下几种不同情况。

　　(a)当矩形洞口的洞宽、洞高均不大于 800 mm 时,此项注写为洞口每边补强钢筋的具体数值(如果按标准构造详图设置补强钢筋时可不注)。当洞宽、洞高方向补强钢筋不一致时,分别注写洞宽方向、洞高方向补强钢筋,以斜线"/"分隔。

　　当矩形洞口的洞宽、洞高均不大于 800 mm 时,洞口的具体表示方法示例。

$$JD 2 \quad 400 \times 300 \quad +3.100 \quad 3 \Phi 14$$

　　表示 2 号矩形洞口,洞宽 400 mm,洞高 300 mm,洞口中心距本结构层楼面 3100 mm,洞口每边补强钢筋为 3Φ14。

$$JD 3 \quad 400 \times 300 \quad +3.100$$

　　表示 3 号矩形洞口,洞宽 400 mm,洞高 300 mm,洞口中心距本结构层楼面 3100 mm,洞口每边补强钢筋按构造配置。

$$JD 4 \quad 800 \times 300 \quad +3.100 \quad 3 \Phi 18 / 3 \Phi 14$$

　　表示 4 号矩形洞口,洞宽 800 mm,洞高 300 mm,洞口中心距本结构层楼面 3100 mm,洞宽方向补强钢筋为 3Φ18,洞高方向补强钢筋为 3Φ14。

(b)当矩形或圆形洞口的洞宽或直径大于 800 mm 时,在洞口的上、下需设置补强暗梁,此项注写为洞口上、下每边暗梁的纵筋与箍筋的具体数值(在标准构造详图中,补强暗梁梁高一律定为 400 mm,施工时按标准构造详图取值,设计不注。当设计者采用与该构造详图不同的做法时,应另行注明),圆形洞口时还需注明环向加强钢筋的具体数值;当洞口上、下边为剪力墙连梁时,此项免注;洞口竖向两侧设置边缘构件时,亦不在此项表达(当洞口两侧不设置边缘构件时,设计者应给出具体做法)。

当矩形洞口的洞宽或洞高大于 800 mm 时,洞口的具体表示方法示例。

JD 5　1800×2100　+1.800 6⊈20　Φ8@150

表示 5 号矩形洞口,洞宽 1800 mm,洞高 2100 mm,洞口中心距本结构层楼面 1800 mm,洞口上下设补强暗梁,每边暗梁纵筋为 6⊈20,箍筋为 Φ8@150。

YD 5　1000+1.800 6⊈20　Φ8@150 2⊈16

表示 5 号圆形洞口,直径为 1000 mm,洞口中心距本结构层楼面 1800 mm,洞口上下设补强暗梁,每边暗梁纵筋为 6⊈20,箍筋为 Φ8@150,环向加强钢筋 2⊈16。

(c)当圆形洞口设置在连梁中部 1/3 范围(且圆洞直径不应大于 1/3 梁高)时,需注写在圆洞上下水平设置的每边补强纵筋与箍筋。

(d)当圆形洞口设置在墙身或暗梁、边框梁位置,且洞口直径不大于 300 mm 时,此项注写为洞口上、下、左、右每边布置的补强纵筋的具体数值。

(e)当圆形洞口直径大于 300 mm,但不大于 800 mm 时,此项注写为洞口上、下、左、右每边布置的补强纵筋的具体数值,以及环向加强钢筋的具体数值。

五、地下室外墙的表示方法

(1)地下室外墙编号由墙身代号、序号组成,表达为:

$$DWQ××$$

(2)地下室外墙平面注写方式,包括集中标注墙体编号、厚度、贯通筋、拉筋等和原位标注附加非贯通筋两部分内容。当仅设置贯通筋,未设置附加非贯通筋时,仅做集中标注。

(3)地下室外墙的集中标注规定如下:

①注写地下室外墙编号,包括代号、序号、墙身长度(注为××～××轴)。

②注写地下室外墙厚度 $b_w=×××$。

③注写地下室外墙的外侧、内侧贯通筋和拉筋。

a. 以 OS 代表外墙外侧贯通筋。其中,外侧水平贯通筋以 H 打头注写,外侧竖向贯通筋以 V 打头注写。

b. 以 IS 代表外墙内侧贯通筋。其中,内侧水平贯通筋以 H 打头注写,内侧竖向贯通筋以 V 打头注写。

c. 以 tb 打头注写拉筋直径、强度等级及间距,并注明"矩形"或"梅花"。

DWQ2（①～⑥），$b_w = 300$

OS：H ⊈ 18@200，V ⊈ 20@200

IS：H ⊈ 16@200，V ⊈ 18@200

tb Φ6@400@400 矩形

表示2号外墙，长度范围为①～⑥，墙厚为 300 mm；外侧水平贯通筋为⊈18@200，竖向贯通筋为⊈20@200；内侧水平贯通筋为⊈16@200，竖向贯通筋为⊈18@200；拉结筋为Φ6，矩形布置，水平间距为 400 mm，竖向间距为 400 mm。

（4）地下室外墙的原位标注，主要表示在外墙外侧配置的水平非贯通筋或竖向非贯通筋。

当配置水平非贯通筋时，在地下室墙体平面图上原位标注。在地下室外墙外侧绘制粗实线段代表水平非贯通筋，在其上注写钢筋编号并以 H 打头注写钢筋强度等级、直径、分布间距，以及自支座中线向两边跨内的伸出长度值。当自支座中线向两侧对称伸出时，可仅在单侧标注跨内伸出长度，另一侧不注，此种情况下非贯通筋总长度为标注长度的 2 倍。边支座处非贯通钢筋的伸出长度值从支座外边缘算起。

地下室外墙外侧非贯通筋通常采用"隔一布一"方式与集中标注的贯通筋间隔布置，其标注间距应与贯通筋相同，两者组合后的实际分布间距为各自标注间距的 1/2。

当在地下室外墙外侧底部、顶部、中层楼板位置配置竖向非贯通筋时，应补充绘制地下室外墙竖向截面轮廓图并在其上原位标注。表示方法为在地下室外墙竖向截面轮廓图外侧绘制粗实线段代表竖向非贯通筋，在其上注写钢筋编号并以 V 打头注写钢筋强度等级、直径、分布间距，以及向上（下）层的伸出长度值，并在外墙竖向截面图名下注明分布范围（××～××轴）。向层内的伸出长度值注写方式：

①地下室外墙底部非贯通钢筋向层内的伸出长度值从基础底板顶面算起。

②地下室外墙顶部非贯通钢筋向层内的伸出长度值从顶板底面算起。

③中层楼板处非贯通钢筋向层内的伸出长度值从板中间算起，当上下两侧伸出长度值相同时可仅注写一侧。地下室外墙外侧水平、竖向非贯通筋配置相同者，可仅选择一处注写，其他可仅注写编号。当在地下室外墙顶部设置水平通长加强钢筋时应注明。

要点提示

设计时应注意：

（1）设计者应根据具体情况判定扶壁柱或内墙是否作为墙身水平方向的支座，以选择合理的配筋方式。

（2）16G101-1 图集提供了"顶板作为外墙的简支支承"和"顶板作为外墙的弹性嵌固支承"两种做法，设计者应在施工图中指定选用何种做法。

六、其他

（1）在剪力墙平法施工图中应注明底部加强部位高度范围，以便使施工人员明确在该范围内应按照加强部位的构造要求进行施工。

（2）当剪力墙中有偏心受拉墙肢时，无论采用何种直径的竖向钢筋，均应采用机械连接或焊接接长,设计者应在剪力墙平法施工图中加以注明。

(3)抗震等级为一级的剪力墙,水平施工缝处需设置附加竖向插筋时,设计应注明构件位置,并注写附加竖向插筋规格、数量及间距。竖向插筋沿墙身均匀布置。

第三节 梁平法施工图制图规则

一、梁平法施工图的表示方法

(1)梁平法施工图在梁平面布置图上采用平面注写方式或截面注写方式表达。

(2)梁平面布置图,应分别按梁的不同结构层(标准层),将全部梁和与其相关联的柱、墙、板一起采用适当比例绘制。

(3)在梁平法施工图中,还应注明各结构层的顶面标高及相应的结构层号。

(4)对于轴线未居中的梁,应标注其偏心定位尺寸(贴柱边的梁可不注)。

二、梁平法施工图平面注写方式

(1)平面注写方式,是在梁平面布置图上,分别在不同编号的梁中各选一根,在其上注写截面尺寸和配筋具体数值表达梁平法施工图的方式。

平面注写包括集中标注与原位标注,集中标注表达梁的通用数值,原位标注表达梁的特殊数值。当集中标注中的某项数值不适应于梁的某部位时,将该项数值原位标注,施工时,原位标注取值优先(见图2-4)。

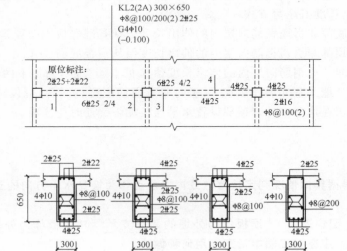

图2-4 平面注写方式示例
(a)平面注写;(b)剖面图

注:本图四个梁截面是采用传统表示方法绘制,用于对比按平面注写方式表达的同样内容。实际采用平面注写方式表达时,不需绘制梁截面配筋图和图中的相应截面号。

（2）梁编号由梁类型、代号、序号、跨数及是否有悬挑几项组成,并应符合表2-4的规定。

表2-4　梁编号

梁类型	代号	序号	跨数及是否有悬挑
楼层框架梁	KL	××	(××)、(××A)或(××B)
楼层框架扁梁	KBL	××	(××)、(××A)或(××B)
屋面框架梁	WKL	××	(××)、(××A)或(××B)
框支梁	KZL	××	(××)、(××A)或(××B)
托柱转换梁	TZL	××	(××)、(××A)或(××B)
非框架梁	L	××	(××)、(××A)或(××B)
悬挑梁	XL	××	(××)、(××A)或(××B)
井字梁	JZL	××	(××)、(××A)或(××B)

注:(××A)为一端有悬挑,(××B)为两端有悬挑,悬挑不计入跨数。

KL7(5A)表示第7号框架梁,5跨,一端有悬挑。

L9(7B)表示第9号非框架梁,7跨,两端有悬挑。

（3）梁集中标注的内容,有五项必注值及一项选注值(集中标注可以从梁的任意一跨引出)。

①梁编号,见表2-4,该项为必注值。

②梁截面尺寸,该项为必注值。

a. 当为等截面梁时,用 $b×h$ 表示。

b. 当为竖向加腋梁时,用 $b×h$ 　Y$c_1×c_2$表示。其中 c_1 为腋长, c_2 为腋高(见图2-5)。

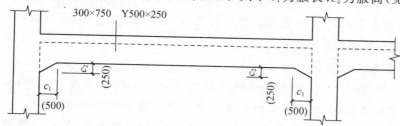

图2-5　竖向加腋截面注写示意

c. 当为水平加腋梁时,一侧加腋时用 $b×h$ 　PY$c_1×c_2$表示。其中 c_1 为腋长, c_2 为腋宽。加腋部位应在平面图中绘制(见图2-6)。

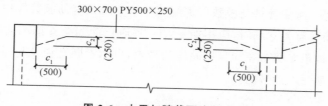

图2-6　水平加腋截面注写示意

d. 当有悬挑梁且根部和端部的高度不同时,用斜线分隔根部与端部的高度值,即为 $b\times h_1/h_2$(见图 2-7)。

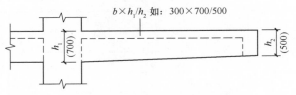

图 2-7 悬挑梁不等高截面注写示意

③梁箍筋,包括钢筋级别、直径、加密区与非加密区间距及肢数,该项为必注值。加密区范围见相应抗震等级的标准构造详图。

a. 箍筋加密区与非加密区的不同间距及肢数需用斜线"/"分隔;

b. 当梁箍筋为同一种间距及肢数时,不需用斜线;

c. 当加密区与非加密区的箍筋肢数相同时,将肢数注写一次;

d. 箍筋肢数应写在括号内。

> **举例说明**
>
> Φ10@100/200(4),表示箍筋为 HPB300 钢筋,直径为 10 mm,加密区间距为 100 mm,非加密区间距为 200 mm,均为四肢箍。
>
> Φ8@100(4)/150(2),表示箍筋为 HPB300 钢筋,直径为 8 mm,加密区间距为 100 mm,四肢箍;非加密区间距为 150 mm,双肢箍。

非框架梁、悬挑梁、井字梁采用不同的箍筋间距及肢数时,也用斜线"/"将其分隔开来。注写时,先注写梁支座端部的箍筋(包括箍筋的箍数、钢筋级别、直径、间距与肢数),在斜线后注写梁跨中部分的箍筋间距及肢数。

> **举例说明**
>
> 13Φ10@150/200(4),表示箍筋为 HPB300 钢筋,直径为 10 mm;梁的两端各有 13 个四肢箍,间距为 150 mm;梁跨中部分间距为 200 mm,四肢箍。
>
> 18Φ12@150(4)/200(2),表示箍筋为 HPB300 钢筋,直径为 12 mm;梁的两端各有 18 个四肢箍,间距为 150 mm;梁跨中部分间距为 200 mm,双肢箍。

④梁上部通长筋或架立筋配置(通长筋可为相同或不同直径采用搭接、机械连接或焊接的钢筋),该项为必注值。所注规格与根数根据结构受力要求及箍筋肢数等构造要求而定。当同排纵筋中既有通长筋又有架立筋时,应用加号"+"将通长筋和架立筋相连。注写时需将角部纵筋写在加号的前面,架立筋写在加号后面的括号内,以示不同直径及与通长筋的区别。当全部采用架立筋时,将其写入括号内。

> 2Φ22 用于双肢箍;2Φ22+(4Φ12)用于六肢箍,其中 2Φ22 为通长筋,4Φ12 为架立筋。

当梁的上部纵筋和下部纵筋为全跨相同,且多数跨配筋相同时,此项可加注下部纵筋的配筋值,用分号";"将上部与下部纵筋的配筋值分隔开来,少数跨不同者,按平面注写方式(1)的规定处理。

> 3Φ22;3Φ20 表示梁的上部配置 3Φ22 的通长筋,梁的下部配置 3Φ20 的通长筋。

⑤梁侧面纵向构造钢筋或受扭钢筋配置,该项为必注值。

当梁腹板高度 $h_w \geqslant 450$ mm 时,需配置纵向构造钢筋,所注规格与根数应符合规范规定。此项注写值以大写字母 G 打头,接续注写设置在梁两个侧面的总配筋值,且对称配置。

> G4Φ12,表示梁的两个侧面共配置 4Φ12 的纵向构造钢筋,每侧各配置2Φ12。

当梁侧面需配置受扭纵向钢筋时,此项注写值以大写字母 N 打头,接续注写配置在梁两个侧面的总配筋值,且对称配置。受扭纵向钢筋应满足梁侧面纵向构造钢筋的间距要求,且不再重复配置纵向构造钢筋。

注:1. 当为梁侧面构造钢筋时,其搭接与锚固长度可取为 15d。

2. 当为梁侧面受扭纵向钢筋时,其搭接长度为 l_l 或 l_{lE},锚固长度为 l_a 或 l_{aE};其锚固方式同框架梁下部纵筋。

> N6Φ22,表示梁的两个侧面共配置 6Φ22 的受扭纵向钢筋,每侧各配置3Φ22。

⑥梁顶面标高高差,该项为选注值。

梁顶面标高高差,是指相对于结构层楼面标高的高差值,对于位于结构夹层的梁,则指相对于结构夹层楼面标高的高差。有高差时,需将其写入括号内,无高差时不注。

注:当某梁的顶面高于所在结构层的楼面标高时,其标高高差为正值,反之为负值。

> 某结构标准层的楼面标高为 44.950 m 和 48.250 m,当某梁的梁顶面标高高差注写为(−0.050)时,即表明该梁顶面标高分别相对于 44.950 m 和48.250 m低0.05 m。

(4)梁原位标注的内容。

①梁支座上部纵筋,该部位含通长筋在内的所有纵筋。

a. 当上部纵筋多于一排时,用斜线"/"将各排纵筋自上而下分开。

举例说明

梁支座上部纵筋注写为:

$$6\ \Phi 25\ 4/2$$

表示上一排纵筋为 4Φ25,下一排纵筋为 2Φ25。

b. 当同排纵筋有两种直径时,用加号"+"将两种直径的纵筋相连,注写时将角部纵筋写在前面。

举例说明

梁支座上部有四根纵筋,2Φ25 放在角部,2Φ22 放在中部,在梁支座上部应注写为 2Φ25+2Φ22。

c. 当梁中间支座两边的上部纵筋不同时,须在支座两边分别标注;当梁中间支座两边的上部纵筋相同时,可仅在支座的一边标注配筋值,另一边省去不注(见图 2-8)。

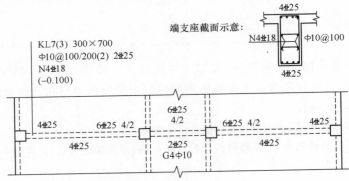

图 2-8 大小跨梁的注写示意

要点提示

设计时应注意:

对于支座两边不同配筋值的上部纵筋,宜尽可能选用相同直径(不同根数),使其贯穿支座,避免支座两边不同直径的上部纵筋均在支座内锚固。

对于以边柱、角柱为端支座的屋面框架梁,当能够满足配筋截面面积要求时,其梁的上部钢筋应尽可能只配置一层,以避免梁柱纵筋在柱顶处因层数过多、密度过大导致不方便施工和影响混凝土浇筑质量。

②梁下部纵筋。

a. 当下部纵筋多于一排时,用斜线"/"将各排纵筋自上而下分开。

梁下部纵筋注写为：

$$6 \underline{\Phi} 25 \ 2/4$$

表示上一排纵筋为 $2\underline{\Phi}25$，下一排纵筋为 $4\underline{\Phi}25$，全部伸入支座。

b. 当同排纵筋有两种直径时，用加号"＋"将两种直径的纵筋相连，注写时角筋写在前面。

c. 当梁下部纵筋不全部伸入支座时，将梁支座下部纵筋减少的数量写在括号内。

梁下部纵筋注写为：

$$6 \underline{\Phi} 25 \ 2(-2)/4$$

表示上排纵筋为 $2\underline{\Phi}25$，且不伸入支座；下一排纵筋为 $4\underline{\Phi}25$，全部伸入支座。梁下部纵筋注写为 $2\underline{\Phi}25＋3\underline{\Phi}22(-3)/5\underline{\Phi}25$，表示上排纵筋为 $2\underline{\Phi}25$ 和 $3\underline{\Phi}22$，其中 $3\underline{\Phi}22$ 不伸入支座；下一排纵筋为 $5\underline{\Phi}25$，全部伸入支座。

d. 当梁的集中标注中已分别注写了梁上部和下部均为通长的纵筋值时，不需在梁下部重复做原位标注。

e. 当梁设置竖向加腋时，加腋部位下部斜纵筋应在支座下部以 Y 打头注写在括号内（见图 2-9）。当梁设置水平加腋时，水平加腋内上、下部斜纵筋应在加腋支座上部以 Y 打头注写在括号内，上、下部斜纵筋之间用斜线"/"分隔（见图 2-10）。

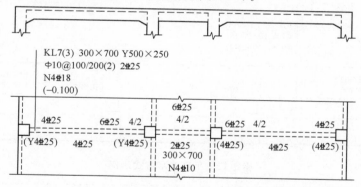

图 2-9　梁竖向加腋平面注写方式表达示例

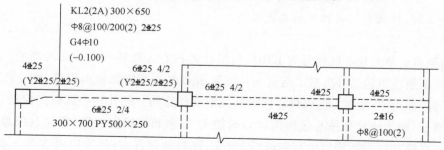

图 2-10　梁水平加腋平面注写方式表达示例

③当在梁上集中标注的内容(即梁截面尺寸、箍筋、上部通长筋或架立筋,梁侧面纵向构造钢筋或受扭纵向钢筋,以及梁顶面标高高差中的某一项或几项数值)不适用于某跨或某悬挑部分时,将其不同数值原位标注在该跨或该悬挑部位,施工时应按原位标注数值取用。当在多跨梁的集中标注中已注明加腋,而该梁某跨的根部却不需要加腋时,应在该跨原位标注等截面的 $b \times h$,以修正集中标注中的加腋信息(见图2-9)。

④附加箍筋或吊筋,将其直接画在平面图中的主梁上,用线引注总配筋值(附加箍筋的肢数注在括号内)(见图2-11)。当多数附加箍筋或吊筋相同时,可在梁平法施工图上统一注明,少数与统一注明值不同时,再原位引注。

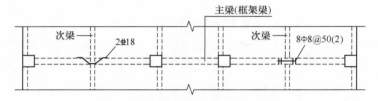

图 2-11 附加箍筋和吊筋的画法示例

要点提示

施工时应注意:附加箍筋或吊筋的几何尺寸应按照标准构造详图,结合其所在位置的主梁和次梁的截面尺寸而定。

(5)框架扁梁注写规则同框架梁,对于上部纵筋和下部纵筋,尚需注明未穿过柱截面的纵向受力钢筋根数(见图2-12)。

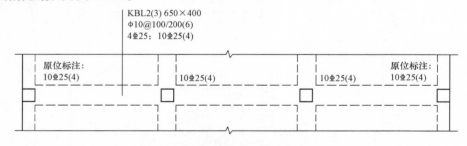

图 2-12 平面注写方式示例

10Φ25(4)表示框架扁梁有4根纵向受力钢筋未穿过柱截面,柱两侧各2根,施工时,应注意采用相应的构造做法。

(6)框架扁梁节点核心区代号为KBH,包括柱内核心区和柱外核心区两部分。框架扁梁节点核心区钢筋注写包括柱外核心区竖向拉筋及节点核心区附加纵向钢筋,端支座节点核心区尚需注写附加U形箍筋。柱内核心区箍筋见框架柱箍筋。柱外核心区竖向拉筋,注写其钢筋级别与直径;端支座柱外核心区尚需注写附加U形箍筋的钢筋级别、直径及根数。框架扁梁节点核心区附加纵向钢筋以大写字母"F"打头,注写其设置方向(X向或Y向)、层数、每层的钢筋根数、钢筋级别、直径及未穿过柱截面的纵向钢筋受力钢筋根数。

KBH1 Φ10，F X&Y 2×7⻊14(4)，表示框架扁梁中间支座节点核心区：柱外核心区竖向拉筋Φ10；沿梁X向(Y向)配置两层7⻊14附加纵向钢筋，每层有4根纵向受力钢筋未穿过柱截面，柱两侧各2根；附加纵向钢筋沿梁高度范围均匀布置，见图2-13 (a)。

KBH2 Φ10，4Φ10，F X 2×7⻊14(4)，表示框架扁梁端支座节点核心区：柱外核心区竖向拉筋Φ10；附加U形箍筋共4道，柱两侧各2道；沿框架扁梁X向配置两层7⻊14附加纵向钢筋，有4根纵向受力钢筋未穿过柱截面，柱两侧各2根；附加纵向钢筋沿梁高度范围均匀布置，见图2-13(b)。

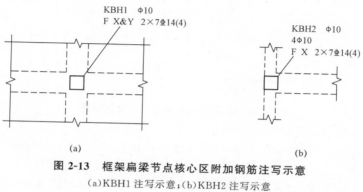

(a)   (b)

图2-13 框架扁梁节点核心区附加钢筋注写示意
(a)KBH1注写示意；(b)KBH2注写示意

要点提示

设计、施工时应注意：

(1)柱外核心区竖向拉筋在梁纵向钢筋两向交叉位置均布置，当布置方式与图集要求不一致时，设计应另行绘制详图。

(2)框架扁梁端支座节点，柱外核心区设置U形箍筋与位于柱外的梁纵向钢筋交叉位置均布置竖向钢筋。当布置方式与图集要求不一致时，设计应另行绘制详图。

(3)附加纵向钢筋应与竖向拉筋相互绑扎。

(7)井字梁通常由非框架梁构成，并以框架梁为支座(特殊情况下以专门设置的非框架大梁为支座)。在此情况下，为明确区分井字梁与作为井字梁支座的梁，井字梁用单粗虚线表示(当井字梁顶面高出板面时可用单粗实线表示)，作为井字梁支座的梁用双细虚线表示(当梁顶面高出板面时可用双细实线表示)。

16G101-1图集所规定的井字梁，是指在同一矩形平面内相互正交组成的结构构件，井字梁所分布范围称为"矩形平面网格区域"(简称"网格区域")。当在结构平面布置中仅有由四根框架梁框起的一片网格区域时，所有在该区域相互正交的井字梁均为单跨；当有多片网格区域相连时，贯通多片网格区域的井字梁为多跨，且相邻两片网格区域分界处即为该井字梁的中间支座。对某根井字梁编号时，其跨数为其总支座数减1；在该梁的任意两个支座之间，无论有几根同类梁与其相交，均不作为支座(见图2-14)。

井字梁的注写规则应按(1)~(4)的规定。除此之外，设计者应注明纵横两个方向梁相交处同一层面钢筋的上下交错关系(指梁上部或下部的同层面交错钢筋何梁在上何梁在下)，以

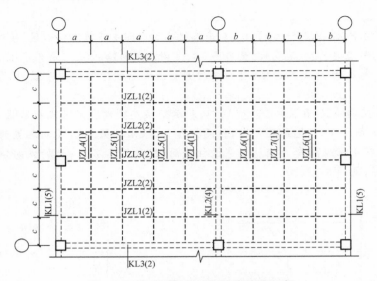

图 2-14　井字梁矩形平面网格区域示意

及在该相交处两方向梁箍筋的布置要求。

(8)井字梁的端部支座和中间支座上部纵筋的伸出长度 a_0 值,应由设计者在原位加注具体数值予以注明。

当采用平面注写方式时,在原位标注的支座上部纵筋后面括号内加注具体伸出长度值(见图 2-15)。

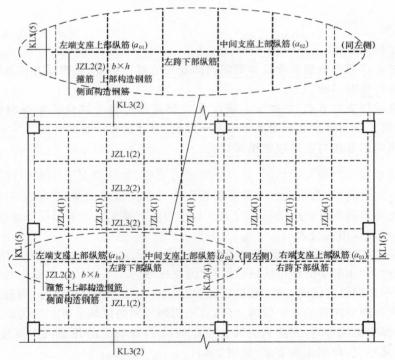

图 2-15　井字梁平面注写方式示例

注:本图仅示意井字梁的注写方法,未注明截面几何尺寸 $b×h$,支座上部纵筋伸出长度 a_{01}～a_{03},以及纵筋与箍筋的具体数值。

贯通两片网格区域采用平面注写方式的某井字梁,其中间支座上部纵筋注写为:

6 ⊈ 25 4/2(3200/2400)

表示该位置上部纵筋设置两排,上一排纵筋为 4 ⊈ 25,自支座边缘向跨内伸出长度3200 mm;下一排纵筋为 2 ⊈ 25,自支座边缘向跨内伸出长度为 2400 mm。

当为截面注写方式时,在梁端截面配筋图上注写的上部纵筋后面括号内加注具体伸出长度值(见图 2-16)。

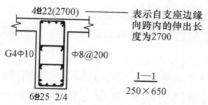

图 2-16　井字梁截面注写方式示例

要点提示

设计时应注意:

当井字梁连续设置在两片或多排网格区域时,才具有上面提及的井字梁中间支座;当某根井字梁端支座与其所在网格区域之外的非框架梁相连时,该位置上部钢筋的连续布置方式需由设计者注明。

(9)在梁平法施工图中,当局部梁的布置过密时,可将过密区用虚线框出,适当放大比例后再用平面注写方式表示。

三、梁平法施工图截面注写方式

(1)截面注写方式,是在分标准层绘制的梁平面布置图上,分别在不同编号的梁中各选择一根梁用剖面号引出配筋图,并在其上注写截面尺寸和配筋具体数值来表达梁平法施工图的方式。

(2)对所有梁按本规则表 2-4 的规定进行编号。从相同编号的梁中选择一根梁,先将单边截面号画在该梁上,再将截面配筋详图画在本图或其他图上。当某梁的顶面标高与结构层的楼面标高不同时,还应继其梁编号后注写梁顶面标高高差(注写规定与平面注写方式相同)。

(3)在截面配筋详图上注写截面尺寸 $b×h$、上部筋、下部筋、侧面构造筋或受扭筋及箍筋的具体数值时,其表达形式与平面注写方式相同。

(4)截面注写方式既可以单独使用,也可与平面注写方式结合使用。

注:在梁平法施工图的平面图中,当局部区域的梁布置过密时,除采用截面注写方式表达外,也可将过密区用虚线框出,适当放大比例后再用平面注写方式表示。当表达异形截面梁的尺寸与配筋时,用截面注写方式相对比较方便。

四、梁支座上部纵筋的长度规定

(1)为方便施工,凡框架梁的所有支座和非框架梁(不包括井字梁)的中间支座上部纵筋的

伸出长度 a_0 值在标准构造详图中统一取值为：

第一排非通长筋及与跨中直径不同的通长筋从柱(梁)边起伸出至 $l_n/3$ 的位置；

第二排非通长筋伸出至 $l_n/4$ 的位置。

l_n 的取值规定为：

对于端支座，l_n 为本跨的净跨值；

对于中间支座，l_n 为支座两边较大一跨的净跨值。

(2)悬挑梁(包括其他类型梁的悬挑部分)上部第一排纵筋伸出至梁端头并下弯，第二排伸出至 $3l/4$ 位置，l 为自柱(梁)边算起的悬挑净长。

当具体工程需要将悬挑梁中的部分上部钢筋从悬挑梁根部开始斜向弯下时，应由设计者另加注明。

(3)设计值在执行(1)、(2)中关于梁支座端上部纵筋伸出长度的统一取值规定时，特别是在大小跨相邻和端跨外为长悬臂的情况下，还应注意按《混凝土结构设计规范(2015版)》(GB 50010—2010)的相关规定进行校核，若不满足时应根据规范规定进行变更。

五、不伸入支座的梁下部纵筋长度规定

(1)当梁(不包括框支梁)下部纵筋不全部伸入支座时，不伸入支座的梁下部纵筋截断点距支座边的距离，在标准构造详图中统一取为 $0.1l_{ni}$(l_{ni} 为本跨梁的净跨值)。

(2)当按(1)确定不伸入支座的梁下部纵筋的数量时，应符合《混凝土结构设计规范(2015年版)》(GB 50010—2010)的有关规定。

六、其他

(1)非框架梁、井字梁的上部纵向钢筋在端支座的锚固要求如下：

当设计按铰接时，平直段伸至端支座对边后弯折，且平直段长度不小于 $0.35l_{ab}$，弯折段长度为 $15d$(d 为纵向钢筋直径)。

当充分利用钢筋的抗拉强度时，直段伸至端支座对边后弯折，且平直段长度不小于 $0.6l_{ab}$，弯折段长 $15d$。

(2)非框架梁下部纵向钢筋在中间支座的锚固长度，16G101-1图集的构造详图对于带肋钢筋为 $12d$，对于光面钢筋为 $15d$(d 为纵向钢筋直径)；端支座直锚长度不足时，可采取弯钩锚固形式措施；当计算中需要充分利用下部纵向钢筋的抗压强度或抗拉强度，或具体工程有特殊要求时，其锚固长度应由设计者按照《混凝土设计规范(2015版)》(GB 50010—2010)的相关规定进行变更。

(3)当非框架梁配有受扭纵向钢筋时，梁纵筋锚入支座的长度为 l_a，在端支座直锚长度不足时可伸至端支座对边后弯折，且平直段长度不小于 $0.6l_{ab}$，弯折段长度为 $15d$。设计者应在图中注明。

(4)当梁纵筋兼作温度应力钢筋时，其锚入支座的长度由设计确定。

(5)当两楼层之间设有层间梁时(如结构夹层位置处的梁)，应将设置该部分梁的区域划出另行绘制梁结构布置图，然后在其上表达梁平法施工图。

第四节　板的平法施工图制图规则

一、有梁楼盖平法施工图制图规则

1. 有梁楼盖平法施工图的表示方法

（1）有梁楼盖平法施工图是在楼面板和屋面板布置图上，采用平面注写的表达方式。板平面注写主要包括板块集中标注和板支座原位标注。

（2）为方便设计表达和施工识图，规定结构平面的坐标方向为：

①当两向轴网正交布置时，图面从左至右为 X 向，从下至上为 Y 向；

②当轴网转折时，局部坐标方向顺轴网转折角度做相应转折；

③当轴网向心布置时，切向为 X 向，径向为 Y 向。

此外，对于平面布置比较复杂的区域，如轴网转折交界区域、向心布置的核心区域，其平面坐标方向应由设计者另行规定并在图上明确表示。

2. 板块集中标注

（1）板块集中标注的内容为：板块编号、板厚、上部贯通纵筋、下部纵筋，以及当板面标高不同时的标高高差。

①对于普通楼面，两向均以一跨为一板块；对于密肋楼盖，两向主梁（框架梁）均以一跨为一板块（非主梁密肋不计）。所有板块应逐一编号，相同编号的板块可择其一做集中标注，其他仅注写置于圆圈内的板编号，以及当板面标高不同时的标高高差。板块编号应符合表 2-5 的规定。

表 2-5　板块编号

板类型	代号	序号
楼面板	LB	××
屋面板	WB	××
悬挑板	XB	××

②板厚注写为 $h=×××$（为垂直于板面的厚度）；当悬挑板的端部改变截面厚度时，用斜线"/"分隔根部与端部的高度值，注写为 $h=×××/×××$；当设计已在图注中统一注明板厚时，此项可不注。

③纵筋按板块的下部纵筋和上部贯通纵筋分别注写（当板块上部不设贯通纵筋时则不注），并以 B 代表下部纵筋，以 T 代表上部贯通纵筋，B&T 代表下部与上部；X 向纵筋以 X 打头，Y 向纵筋以 Y 打头，两向纵筋配置相同时则以 X&Y 打头。

当为单向板时,分布筋可不必注写,而在图中统一注明。

当在某些板内(例如在悬挑板 XB 的下部)配置有构造钢筋时,X 向以 Xc、Y 向以 Yc 打头注写。

当 Y 向采用放射配筋时(切向为 X 向,径向为 Y 向),设计者应注明配筋间距的定位尺寸。当纵筋采用两种规格钢筋"隔一布一"方式时,表达为Φxx/yy@×××,表示直径为 xx 的钢筋和直径为 yy 的钢筋二者之间间距为×××,直径 xx 的钢筋的间距为×××的 2 倍,直径 yy 的钢筋的间距为×××的 2 倍。

④板面标高高差,是指相对于结构层楼面标高的高差,应将其注写在括号内,且有高差则注,无高差不注。

有一楼面板块注写为:

LB5 *h*=110
B:X ⊕12@120;Y ⊕10@110

表示 5 号楼面板,板厚 110 mm,板下部配置的贯通纵筋 X 向为⊕12@120,Y 向为⊕10@110;板上部未配置贯通纵筋。

有一楼面板块注写为:

LB5 *h*=110
B:X ⊕10/12@100;Y ⊕10@110

表示 5 号楼面板,板厚 110 mm,板下部配置的贯通纵筋 X 向为⊕10、⊕12 隔一布一,⊕10 与⊕12 之间间距为 100 mm;Y 向为⊕10@110;板上部未配置贯通纵筋。

有一悬挑板注写为:

XB2   *h*=150/100
B:Xc & Yc ⊕8@200

表示 2 号悬挑板,板根部厚 150 mm,端部厚 100 mm,板下部配置构造钢筋双向均为⊕8@200(上部受力钢筋见板支座原位标注)。

(2)同一编号板块的类型、板厚和纵筋均应相同,但板面标高、跨度、平面形状及板支座上部非贯通纵筋可以不同,如同一编号板块的平面形状可为矩形、多边形及其他形状。施工预算时,应根据其实际平面形状,分别计算各块板的混凝土与钢材用量。

要点提示

设计与施工应注意:

单向或双向连续板的中间支座上部同向贯通纵筋,不应在支座位置连接或分别锚固。当相邻两跨的板上部贯通纵筋配置相同,且跨中部位有足够空间连接时,可在两跨任意一跨的跨中连接部位连接;当相邻两跨的上部贯通纵筋配置不同时,应将配置较大者越过其标注的跨数终点或起点伸至相邻跨的跨中连接区域连接。

设计应注意板中间支座两侧上部贯通纵筋的协调配置,施工及预算应按具体设计和相应标准构造要求实施。等跨与不等跨板上部纵筋的连接有特殊要求时,其连接部位及方式应由设计者注明。

3. 板支座原位标注

(1)板支座原位标注的内容为:板支座上部非贯通纵筋和悬挑板上部受力钢筋。

板支座原位标注的钢筋,应在配置相同跨的第一跨表达(当在梁悬挑部位单独配置时,则在原位表达)。在配置相同跨的第一跨(或梁悬挑部位),垂直于板支座(梁或墙)绘制一段适宜长度的中粗实线(当该筋通长设置在悬挑板或短跨板上部时,实线段应画至对边或贯通短跨),以该线段代表支座上部非贯通纵筋,并在线段上方注写钢筋编号(如①、②等)、配筋值、横向连续布置的跨数(注写在括号内,且当为一跨时可不注),以及是否横向布置到梁的悬挑端。

(××)为横向布置的跨数,(××A)为横向布置的跨数及一端的悬挑梁部位,(××B)为横向布置的跨数及两端的悬挑梁部位。

板支座上部非贯通筋自支座中线向跨内的伸出长度,注写在线段的下方位置。

当中间支座上部非贯通纵筋向支座两侧对称伸出时,可仅在支座一侧线段下方标注伸出长度,另一侧不注,如图 2-17 所示。

当向支座两侧非对称伸出时,应分别在支座两侧线段下方注写伸出长度,如图 2-18 所示。

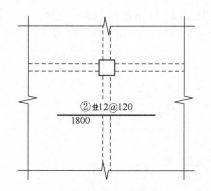

图 2-17　板支座上部非贯通筋对称伸出

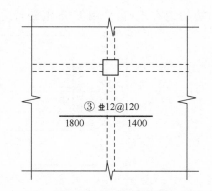

图 2-18　板支座上部非贯通筋非对称伸出

对线段画至对边贯通全跨或贯通全悬挑长度的上部通长纵筋,贯通全跨或伸出至全悬挑一侧的长度值不注,只注明非贯通筋另一侧的伸出长度值,如图 2-19 所示。

当板支座为弧形,支座上部非贯通纵筋呈放射状分布时,设计者应注明配筋间距的度量位置并加注"放射分布"四字,必要时应补绘平面配筋图,如图 2-20 所示。

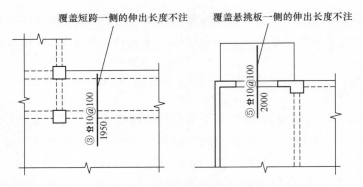

图 2-19　板支座非贯通筋贯通全跨或伸出至悬挑端

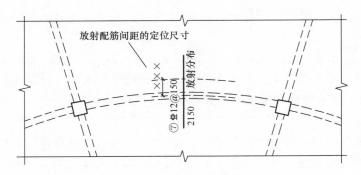

图 2-20　弧形支座处放射配筋

　　悬挑板的注写方式如图 2-21 所示。当悬挑板端部厚度不小于 150 mm 时,设计者应指定板端部封边构造方式;当采用 U 形钢筋封边时,还应指定 U 形钢筋的规格、直径。

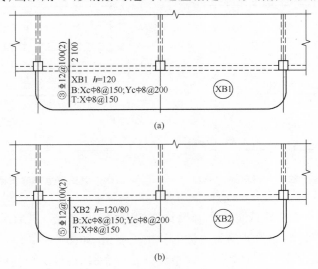

图 2-21　悬挑板支座非贯通筋

　　在板平面布置图中,不同部位的板支座上部非贯通纵筋及悬挑板上部受力钢筋,可仅在一个部位注写,对其他相同者则仅需在代表钢筋的线段上注写编号及注写横向连续布置的跨数。

> 在板平面布置图某部位,横跨支承梁绘制的对称线段上注:
>
> ⑦Φ12@100(5A)和1500
>
> 表示支座上部⑦号非贯通纵筋为Φ12@100,从该跨起沿支承梁连续布置5跨加梁一端的悬挑端,该筋自支座中线向两侧跨内的伸出长度均为1500 mm。
>
> 在同一板平面布置图的另一部位横跨梁支座绘制的对称线段上注有⑦(2)者,表示该筋同⑦号纵筋,沿支承梁连续布置2跨,且无梁悬挑端布置。

此外,与板支座上部非贯通纵筋垂直且绑扎在一起的构造钢筋或分布钢筋,应由设计者在图中注明。

(2)当板的上部已配置有贯通纵筋,但需增配板支座上部非贯通纵筋时,应结合已配置的同向贯通纵筋的直径与间距采取"隔一布一"方式配置。

"隔一布一"方式,为非贯通纵筋的标注间距与贯通纵筋相同,两者组合后的实际间距为各自标注间距的1/2。当设定贯通纵筋为纵筋总截面面积的50%时,两种钢筋应取相同直径;当设定贯通纵筋大于或小于总截面面积的50%时,两种钢筋取不同直径。

> 板上部已配置贯通纵筋Φ12@250,该跨配置的上部同向支座非贯通纵筋为:
>
> ⑤Φ12@250
>
> 表示在该支座上部设置的纵筋实际为Φ12@125,其中1/2为贯通纵筋,1/2为⑤号非贯通纵筋(伸出长度值略)。
>
> 板上部已配置贯通纵筋Φ10@250,该跨配置的上部同向支座非贯通纵筋为:
>
> ③Φ12@250
>
> 表示该跨实际设置的上部纵筋为Φ10和Φ12间隔布置,二者之间间距为125 mm。

要点提示

施工应注意:当支座一侧设置了上部贯通纵筋(在板集中标注中以 **T** 打头),而在支座另一侧仅设置了上部非贯通纵筋时,如果支座两侧设置的纵筋直径、间距相同,应将二者连通,避免各自在支座上部分别锚固。

4. 其他

(1)当悬挑板需要考虑竖向地震作用时,设计应注明该悬挑板纵向钢筋抗震锚固长度按何种抗震等级确定。

(2)板上部纵向钢筋在端支座(梁或圈梁)的锚固要求,16G101－1图集中规定,当设计按铰接时,平直段伸至端支座对边后弯折,且平直段长度不小于0.35l_{ab},弯折段长度15d(d为纵向钢筋直径);当充分利用钢筋的抗拉强度时,平直段伸至端支座对边后弯折,且平直段长度不小于0.6l_{ab},弯折段长度为15d。设计者应在平法施工图中注明采用何种构造,当多数采用同种构造时可在图注中写明,并将少数不同之处在图中注明。

（3）板支撑在剪力墙顶的端节点,当设计考虑墙外侧竖向钢筋与板上部纵向受力钢筋搭接传力时,应满足搭接长度要求,设计者应在平法施工图中注明。

（4）板纵向钢筋的连接可采用绑扎搭接、机械连接或焊接。当板纵向钢筋采用非接触方式的绑扎搭接连接时,其搭接部位的钢筋净距不宜小于 30 mm,且钢筋中心距不应大于 $0.2l_1$ 及 150 mm 的较小者。

注:非接触搭接使混凝土能够与搭接范围内所有钢筋的全表面充分粘接,可以提高搭接钢筋之间通过混凝土传力的可靠度。

二、无梁楼盖平法施工图制图规则

1. 无梁楼盖平法施工图的表示方法

（1）无梁楼盖平法施工图,是在楼面板和屋面板布置图上,采用平面注写的表达方式。

（2）板平面注写主要有板带集中标注、板带支座原位标注两部分内容。

2. 板带集中标注

（1）集中标注应在板带贯通纵筋配置相同跨的第一跨（X 向为左端跨,Y 向为下端跨）注写。相同编号的板带可择其一做集中标注,其他仅注写板带编号（注在圆圈内）。

板带集中标注的具体内容为:板带编号、板带厚及板带宽、贯通纵筋。板带编号应符合表 2-6 的规定。

表 2-6　板带编号

板带类型	代号	序号	跨数及有无悬挑
柱上板带	ZSB	××	(××)、(××A)或(××B)
跨中板带	KZB	××	(××)、(××A)或(××B)

注:1. 跨数按柱网轴线计算（两相邻柱轴线之间为一跨）。
　　2.（××A）为一端有悬挑,（××B）为两端有悬挑,悬挑不计入跨数。

板带厚注写为 $h=×××$,板带宽注写为 $b=×××$。当无梁楼盖整体厚度和板带宽度已在图中注明时,此项可不注。

贯通纵筋按板带下部和板带上部分别注写,并以 B 代表下部,T 代表上部,B&T 代表下部和上部。当采用放射配筋时,设计者应注明配筋间距的度量位置,必要时补绘配筋平面图。

举例说明　设有一板带注写为:

ZSB2(5A) $h=300$　$b=3000$
B=Φ16@100;TΦ18@200

表示 2 号柱上板带,有 5 跨且一端有悬挑;板带厚 300 mm,宽 3000 mm;板带配置贯通纵筋下部为 Φ16@100,上部为 Φ18@200。

要点提示

设计与施工应注意：

相邻等跨板带上部贯通纵筋应在跨中 1/3 净跨长范围内连接。

当同向连续板带的上部贯通纵筋配置不同时，应将配置较大者越过其标注的跨数终点或起点伸至相邻跨的跨中连接区域连接。

设计应注意板带中间支座两侧上部贯通纵筋的协调配置，施工及预算应按具体设计和相应标准构造要求实施。等跨与不等跨板上部贯通纵筋的连接构造要求见相关标准构造详图；当具体工程对板带上部纵向钢筋的连接有特殊要求时，其连接部位及方式应由设计者注明。

(2) 当局部区域的板面标高与整体不同时，应在无梁楼盖的板平法施工图上注明板面标高高差及分布范围。

3. 板带支座原位标注

(1) 板带支座原位标注的具体内容为：板带支座上部非贯通纵筋。

以一段与板带同向的中粗实线段代表板带支座上部非贯通纵筋；对柱上板带，实线段贯穿柱上区域绘制；对跨中板带，实线段横贯柱网轴线绘制。在线段上注写钢筋编号 (如①、②)、配筋值及在线段的下方注写自支座中线向两侧跨内的伸出长度。

当板带支座非贯通纵筋自支座中线向两侧对称伸出时，其伸出长度可仅在一侧标注；当配置在有悬挑端的边柱上时，该筋伸出到悬挑尽端，设计不注。当支座上部非贯通纵筋呈放射分布时，设计者应注明配筋间距的定位位置。

不同部位的板带支座上部非贯通纵筋相同者，可仅在一个部位注写，其余在代表非贯通纵筋的线段上注写编号。

平面布置图某部位，在横跨板带支座绘制的对称线段上注有⑦⊥18@250，在线段一侧的下方注有1500，是表示支座上部⑦号非贯通纵筋为⊥18@250，自支座中线向两侧跨内的伸出长度均为 1500 mm。

(2) 当板带上部已经配有贯通纵筋，但需增加配置板带支座上部非贯通纵筋时，应结合已配同向贯通纵筋的直径与间距，采取"隔一布一"的方式配置。

一板带上部已配置贯通纵筋⊥18@240，板带支座上部非贯通纵筋为⑤⊥18@240，则板带在该位置实际配置的上部纵筋为⊥18@120，其中 1/2 为贯通纵筋，1/2 为⑤号非贯通纵筋。

设有一板带上部已配置贯通纵筋⊥18@240，板带支座上部非贯通纵筋为③⊥20@240，则板带在该位置实际配置的上部纵筋为⊥18 和⊥20，间隔布置，二者之间间距为 120 mm。

4. 暗梁的表示方法

(1)暗梁平面注写包括暗梁集中标注、暗梁支座原位标注两部分内容。施工图中在柱轴线处画中粗虚线表示暗梁。

(2)暗梁集中标注包括暗梁编号、暗梁截面尺寸(箍筋外皮宽度×板厚)、暗梁箍筋、暗梁上部通长筋或架立筋四部分内容。暗梁编号应符合表 2-7 的规定。

表 2-7 暗梁编号

构件类型	代号	序号	跨数及有无悬挑
暗梁	AL	××	(××)、(××A)或(××B)

注:1. 跨数按柱网轴线计算(两相邻柱轴线之间为一跨)。

2.(××A)为一端有悬挑,(××B)为两端有悬挑,悬挑不计入跨数。

(3)暗梁支座原位标注包括梁支座上部纵筋、梁下部纵筋。当在暗梁上集中标注的内容不适用于某跨或某悬挑端时,将其不同数值标注在该跨或该悬挑端,施工时按原位注写取值。

(4)柱上板带标注的配筋仅设置在暗梁之外的柱上板带范围内。

(5)暗梁中纵向钢筋连接、锚固及支座上部纵筋的伸出长度等要求同轴线处柱上板带中纵向钢筋。

5. 其他

(1)当悬挑板需要考虑竖向地震作用时,设计应注明该悬挑板纵向钢筋抗震锚固长度按何种抗震等级。

(2)无梁楼盖板纵向钢筋的锚固和搭接需满足受拉钢筋的要求。

(3)关于无梁楼盖跨中板带上部纵向钢筋在端支座的锚固要求,16G101－1 图集规定,当设计按铰接时,平直段伸至端支座对边后弯折,且平直段长度不小于 $0.35l_{ab}$,弯折段长度为 $15d$(d 为纵向钢筋直径);当充分利用钢筋的抗拉强度时,直段伸至端支座对边后弯折,且平直段长度不小于 $0.6l_{ab}$,弯折段长度为 $15d$。设计者应在平法施工图中注明采用何种构造,当多数采用同种构造时可在图注中写明,并将少数不同之处在图中注明。

(4)无梁楼盖跨中板带支承在剪力墙顶的端节点,当板上部纵向钢筋充分利用钢筋的抗拉强度时(锚固在支承中),直段伸至端支座对边后弯折,且平直段长度不小于 $0.6l_{ab}$,弯折段投影长度 $15d$;当设计考虑墙外侧竖向钢筋与板上部纵向受力钢筋搭接传力时,应满足搭接长度要求;设计者应在平法施工图中注明采用何种构造,当多数采用同种构造时可在图注中写明,并将少数不同之处在图中注明。

(5)板纵向钢筋的连接可采用绑扎搭接、机械连接或焊接。当板纵向钢筋采用非接触方式的绑扎搭接连接时,其搭接部位的钢筋净距不宜小于 30 mm,且钢筋中心距不应大于 $0.2l_l$ 及 150 mm 的较小者。

注:非接触搭接使混凝土能与搭接范围内所有钢筋的全表面充分粘接,可以提高搭接钢筋之间通过混凝土传力的可靠度。

三、楼板相关构造制图规则

1. 楼板相关构造类型与表示方法

（1）楼板相关构造的平法施工图设计，是在板平法施工图上采用直接引注方式表达。

（2）楼板相关构造编号应符合表 2-8 的规定。

表 2-8　楼板相关构造类型与编号

构造类型	代号	序号	说明
纵筋加强带	JQD	××	以单向加强纵筋取代原位置配筋
后浇带	HJD	××	有不同的留筋方式
柱帽	ZM×	××	适用于无梁楼盖
局部升降板	SJB	××	板厚及配筋与所在板相同；构造升降高度不大于 300 mm
板加腋	JY	××	腋高与腋宽可选注
板开洞	BD	××	最大边长或直径小于 1 m；加强筋长度有全跨贯通和自洞边锚固两种
板翻边	FB	××	翻边高度不大于 300 mm
角部加强筋	Crs	××	以上部双向非贯通加强钢筋取代原位置的非贯通配筋
悬挑板阴角附加筋	Cis	××	板悬挑阴角上部斜向附加钢筋
悬挑板阳角放射筋	Ces	××	板悬挑阳角上部放射筋
抗冲切箍筋	Rh	××	通常用于无柱帽无梁楼盖的柱顶
抗冲切弯起筋	Rb	××	通常用于无柱帽无梁楼盖的柱顶

2. 楼板相关构造直接引注

（1）纵筋加强带 JQD 的引注。纵筋加强带的平面形状及定位由平面布置图表达，加强带内配置的加强贯通纵筋等由引注内容表达。

纵筋加强带设单向加强贯通纵筋，取代其所在位置板中原配置的同向贯通纵筋。根据受力需要，加强贯通纵筋可在板下部配置，也可在板下部和上部均设置。纵筋加强带的引注如图 2-22 所示。

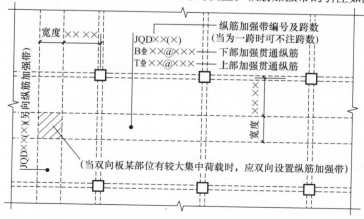

图 2-22　纵筋加强带 JQD 引注图示

当板下部和上部均设置加强贯通纵筋,而板带上部横向无配筋时,加强带上部横向配筋应由设计者注明。

当将纵筋加强带设置为暗梁形式时应注写箍筋,其引注如图 2-23 所示。

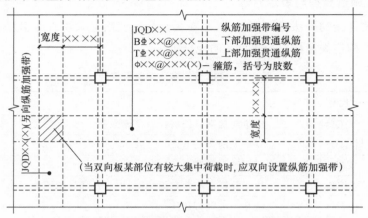

图 2-23　纵筋加强带 JQD 引注图示(暗梁形式)

(2)后浇带 HJD 的引注。后浇带的平面形状及定位由平面布置图表达,后浇带留筋方式等由引注内容表达,包括:

①后浇带编号及留筋方式代号。有两种留筋方式,分别为贯通留筋(代号 GT)、100%搭接留筋(代号 100%)。

②后浇混凝土的强度等级 C××。宜采用补偿收缩混凝土,设计应注明相关施工要求。

③当后浇带区域留筋方式或后浇混凝土强度等级不一致时,设计者应在图中注明与图示不一致的部位及做法。

后浇带引注如图 2-24 所示。

贯通留筋的后浇带宽度通常取大于或等于 800 mm。100%搭接留筋的后浇带宽度通常取 800 mm 与(l_l＋60 mm 或 l_{lE}＋60 mm)的较大值(l_l、l_{lE} 分别为受拉钢筋的搭接长度、受拉钢筋抗震搭接长度)。

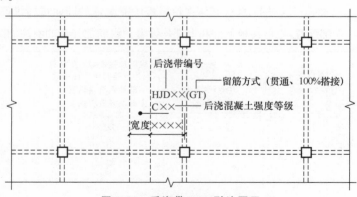

图 2-24　后浇带 HJD 引注图示

(3)柱帽 ZM× 的引注如图 2-25～图 2-28 所示。柱帽的平面形状有矩形、圆形或多边形等,其平面形状由平面布置图表达。

柱帽的立面形状有单倾角柱帽 ZMa（见图 2-25）、托板柱帽 ZMb（见图 2-26）、变倾角柱帽 ZMc（见图 2-27）和倾角托板柱帽 ZMab（见图 2-28）等，其立面几何尺寸和配筋由具体引注内容表达。当 X、Y 方向不一致时，图中 c_1、c_2 应标注（$c_{1,X}$，$c_{1,Y}$）、（$c_{2,X}$，$c_{2,Y}$）。

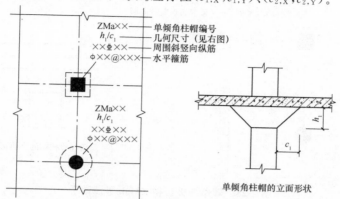

图 2-25　单倾角柱帽 ZMa 引注图示

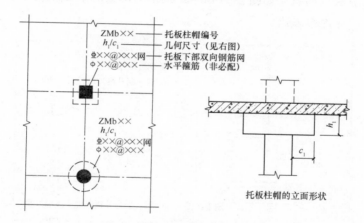

图 2-26　托板柱帽 ZMb 引注图示

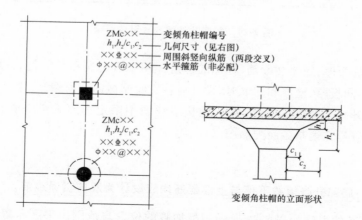

图 2-27　变倾角柱帽 ZMc 引注图示

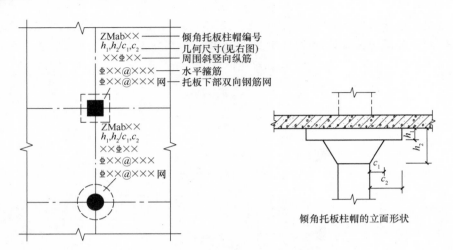

图 2-28　倾角托板柱帽 ZMab 引注图示

（4）局部升降板 SJB 的引注如图 2-29 所示。局部升降板的平面形状及定位由平面布置图表达，其他内容由引注内容表达。

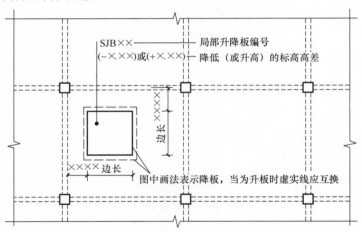

图 2-29　局部升降板 SJB 引注图示

局部升降板的板厚、壁厚和配筋，在标准构造详图中取与所在板块的板厚和配筋相同，设计不注；当采用不同板厚、壁厚和配筋时，设计应补充绘制截面配筋图。

局部升降板升高与降低的高度，在标准构造详图中限定为不大于 300 mm，当高度大于 300 mm 时，设计应补充绘制截面配筋图。

要点提示 🔍

设计应注意：局部升降板的下部与上部配筋均应设计为双向贯通纵筋。

（5）板加腋 JY 的引注如图 2-30 所示。板加腋的位置与范围由平面布置图表达，腋宽、腋高及配筋等由引注内容表达。

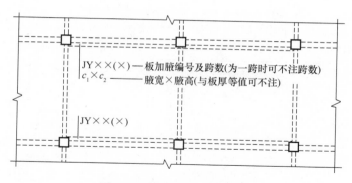

图 2-30　板加腋 JY 引注图示

当为板底加腋时腋线应为虚线,当为板面加腋时腋线应为实线;当腋宽与腋高同板厚时,设计不注。加腋配筋按标准构造,设计不注;当加腋配筋与标准构造不同时,设计应补充绘制截面配筋图。

(6)板开洞 BD 的引注如图 2-31 所示。板开洞的平面形状及定位由平面布置图表达,洞的几何尺寸等由引注内容表达。

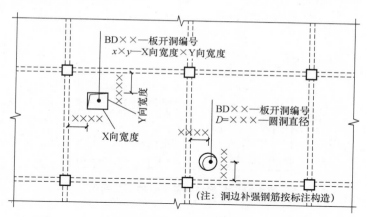

图 2-31　板开洞 BD 引注图示

当矩形洞口边长或圆形洞口直径不大于 1000 mm,且当洞边无集中荷载作用时,洞边补强钢筋可按标准构造的规定设置,设计不注;当洞口周边加强钢筋不伸至支座时,应在图中画出所有加强钢筋,并标注不伸至支座的钢筋长度。当具体工程所需要的补强钢筋与标准构造不同时,设计应加以注明。

当矩形洞口边长或圆形洞口直径大于 1000 mm,或虽不大于 1000 mm,但洞边有集中荷载作用时,设计应根据具体情况采取相应的处理措施。

(7)板翻边 FB 的引注如图 2-32 所示。板翻边可为上翻也可为下翻,翻边尺寸等在引注内容中表达,翻边高度在标准构造详图中为不大于 300 mm。当翻边高度大于 300 mm 时,由设计者自行处理。

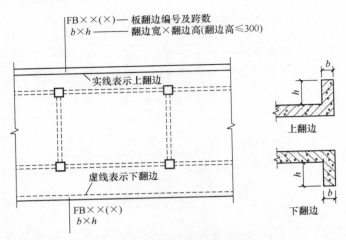

图 2-32 板翻边 FB 引注图示

(8)角部加强筋 Crs 的引注如图 2-33 所示。角部加强筋通常用于板块角区的上部,根据规范规定的受力要求选择配置。角部加强筋将在其分布范围内取代原配置的板支座上部非贯通纵筋,且当其分布范围内配有板上部贯通纵筋时则间隔布置。

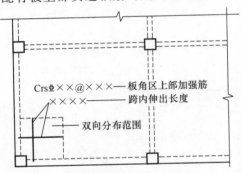

图 2-33 角部加强筋 Crs 的引注图示

(9)悬挑梁阴角附加筋 Cis 的引注如图 2-34 所示。

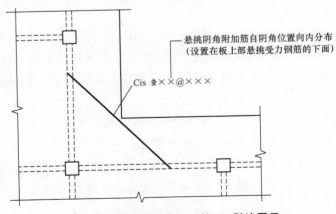

图 2-34 悬挑板阴角附加筋 Cis 引注图示

悬挑板阴角附加筋是指在悬挑板的阴角部位斜放的附加筋,该附加钢筋设置在板上部悬挑受力钢筋的下面。(10)悬挑板阳角附加筋 Ces 的引注如图 2-35 所示。

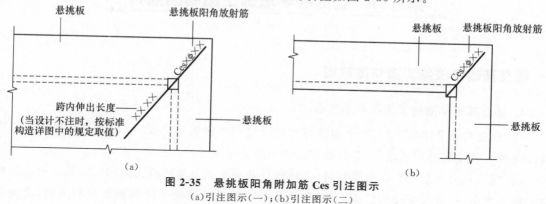

图 2-35　悬挑板阳角附加筋 Ces 引注图示
(a)引注图示(一);(b)引注图示(二)

(11)抗冲切箍筋 Rh 的引注如图 2-36 所示。抗冲切箍筋通常在无柱帽无梁楼盖的柱顶部位设置。

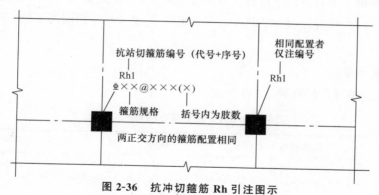

图 2-36　抗冲切箍筋 Rh 引注图示

(12)抗冲切弯起筋 Rb 的引注如图 2-37 所示。抗冲切弯起筋通常在无柱帽无梁楼盖的柱顶部位设置。

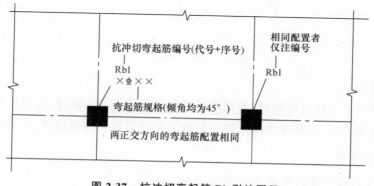

图 2-37　抗冲切弯起筋 Rb 引注图示

3. 其他

16G101-1 图集未包括的其他构造,应由设计者根据具体工程情况按照规范要求进行设计。

第五节　基础的平法施工图制图规则

一、独立基础平法施工图制图规则

1. 独立基础平法施工图的表示方法

(1)独立基础平法施工图,有平面注写与截面注写两种表达方式,设计者可根据具体工程情况选择一种或两种方式结合,进行独立基础的施工图设计。

(2)当绘制独立基础平面布置图时,应将独立基础平面与基础所支承的柱一起绘制。当设置基础联系梁时,可根据图面的疏密情况,将基础联系梁与基础平面布置图一起绘制,或将基础联系梁布置图单独绘制。

(3)在独立基础平面布置图上应标注基础定位尺寸;当独立基础的柱中心线或杯口中心线与建筑轴线不重合时,应标注其定位尺寸。编号相同且定位尺寸相同的基础,可仅选择一个进行标注。

2. 独立基础编号

各种独立基础编号应符合表 2-9 的规定。

表 2-9　独立基础编号

类型	基础底板截面形状	代号	序号
普通独立基础	阶形	DJ_J	××
	坡形	DJ_P	××
杯口独立基础	阶形	BJ_J	××
	坡形	BJ_P	××

要点提示

设计时应注意:

当独立基础截面形状为坡形时,其坡面应采用能保证混凝土浇筑、振捣密实的较缓坡度;当采用较陡坡度时,应要求施工采用在基础顶部坡面加模板等措施,以确保独立基础的坡面浇筑成型、振捣密实。

3. 独立基础的平面注写方式

(1)独立基础的平面注写方式,分为集中标注和原位标注两部分内容。

(2)普通独立基础和杯口独立基础的集中标注:

在基础平面图上集中引注:基础编号、截面竖向尺寸、配筋三项必注内容,以及基础底面标高(与基础底面基准标高不同时)和必要的文字注解两项选注内容。

素混凝土普通独立基础的集中标注,除无基础配筋内容外,均与钢筋混凝土普通独立基础相同。

有关独立基础集中标注的具体内容,规定如下:

①注写独立基础编号(必注内容),见表2-9。

独立基础底板的截面形状通常有两种:

a. 阶形截面编号加下标"J",如 $DJ_J \times \times$、$BJ_J \times \times$;

b. 坡形截面编号加下标"P",如 $DJ_P \times \times$、$BJ_P \times \times$。

②注写独立基础截面竖向尺寸(必注内容)。下面按普通独立基础和杯口独立基础分别进行说明。

a. 普通独立基础,注写 $h_1/h_2/\cdots$,具体标注为:

(a)当基础为阶形截面时,如图2-38所示。

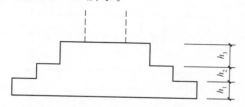

图 2-38 阶形截面普通独立基础竖向尺寸

当阶形截面普通独立基础 $DJ_J \times \times$ 的竖向尺寸注写为 400/300/300 时,表示 $h_1 = 400$ mm、$h_2 = 300$ mm、$h_3 = 300$ mm,基础底板总厚度为 1000 mm。

图2-38为三阶;当为更多阶时,各阶尺寸自下而上用斜线"/"分隔顺写。当基础为单阶时,其竖向尺寸仅为一个,且为基础总厚度,如图2-39所示。

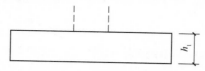

图 2-39 单阶普通独立基础竖向尺寸

(b)当基础为坡形截面时,注写为 h_1/h_2,如图2-40所示。

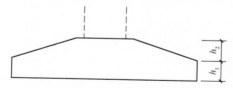

图 2-40 坡形截面普通独立基础竖向尺寸

当坡形截面普通独立基础 $DJ_P \times \times$ 的竖向尺寸注写为 350/300 时,表示 $h_1 = 350$ mm、$h_2 = 300$ mm,基础底板总厚度为 650 mm。

b. 杯口独立基础。

(a)当基础为阶形截面时,其竖向尺寸分两组,一组表达杯口内,另一组表达杯口外,两组尺寸以逗号","分隔,注写为 $a_0/a_1,h_1/h_2/\cdots$,其含义如图 2-41~图 2-44 所示,其中杯口深度 a_0 为柱插入杯口的尺寸加 50 mm。

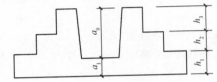

图 2-41 阶形截面杯口独立基础竖向尺寸(一)

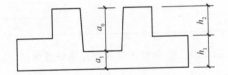

图 2-42 阶形截面杯口独立基础竖向尺寸(二)

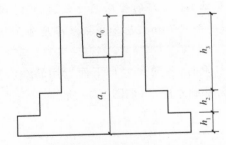

图 2-43 阶形截面高杯口独立基础竖向尺寸(一)

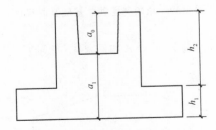

图 2-44 阶形截面高杯口独立基础竖向尺寸(二)

（b）当基础为坡形截面时，注写为 a_0/a_1，$h_1/h_2/h_3/\cdots$，其含义如图 2-45 和图 2-46 所示。

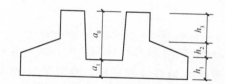

图 2-45　坡形截面杯口独立基础竖向尺寸

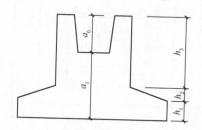

图 2-46　坡形截面高杯口独立基础竖向尺寸

③注写独立基础配筋（必注内容）。

a. 注写独立基础底板配筋。普通独立基础和杯口独立基础的底部双向配筋注写规定如下：

（a）以 B 代表各种独立基础底板的底部配筋。

（b）X 向配筋以 X 打头、Y 向配筋以 Y 打头注写；当两向配筋相同时，以 X&Y 打头注写。

独立基础底板配筋标注如下：

B:XΦ16@150,YΦ16@200

表示基础底板底部配置 HRB400 级钢筋，X 向直径为Φ16，分布间距为 150 mm；Y 向直径为Φ16，分布间距为 200 mm。如图 2-47 所示。

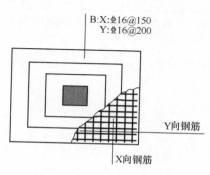

图 2-47　独立基础底板底部双向配筋示意

b. 注写杯口独立基础顶部焊接钢筋网。以 Sn 打头引注杯口顶部焊接钢筋网的各边钢筋。

举例说明 当单杯口独立基础顶部钢筋网标注为 Sn 2Φ14 时，表示杯口顶部每边配置 2 根 HRB400 级直径为Φ14 的焊接钢筋网。如图 2-48 所示。

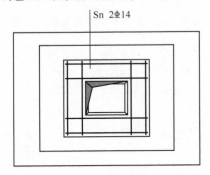

Sn 2Φ14

图 2-48 单杯口独立基础顶部焊接钢筋网示意

当双杯口独立基础顶部钢筋网标注为 Sn 2Φ16 时，表示杯口每边和双杯口中间杯壁的顶部均配置 2 根 HRB400 级直径为Φ16 的焊接钢筋网。如图 2-49 所示。

注：高杯口独立基础应配置顶部钢筋网；非高杯口独立基础是否配置，应根据具体工程情况确定。

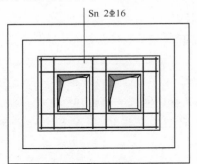

Sn 2Φ16

图 2-49 双杯口独立基础顶部焊接钢筋网示意

当双杯口独立基础中间杯壁厚度小于 400 mm 时，在中间杯壁中配置构造钢筋见相应标准构造详图，设计不注。

c. 注写高杯口独立基础的短柱配筋。具体注写规定如下：

（a）以 O 代表短柱配筋。

（b）先注写短柱纵筋，再注写箍筋，注写为：角筋/长边中部筋/短边中部筋，箍筋（两种间距）。当短柱水平截面为正方形时，注写为：角筋/x 边中部筋/y 边中部筋，箍筋（两种间距，短柱杯口范围内箍筋间距/短柱其他部位箍筋间距）。

当高杯口独立基础的短柱配筋标注为：

$$O:4\underline{\Phi}20/\underline{\Phi}16@220/\underline{\Phi}16@200,\Phi10@150/300$$

表示单高杯口独立基础的短柱配置 HRB400 级竖向钢筋和 HPB300 级箍筋。其竖向钢筋为：4$\underline{\Phi}$20 角筋、$\underline{\Phi}$16@220 长边中部筋和$\underline{\Phi}$16@200 短边中部筋。其箍筋直径为 10 mm，杯口范围间距为 150 mm，短柱范围间距为 300 mm。如图 2-50 所示。

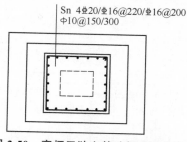

图 2-50　高杯口独立基础杯壁配筋示意

（c）对于双高杯口独立基础的短柱配筋，注写形式与单高杯口独立基础相同，施工区别在于杯壁外侧配筋为同时环住两个杯口的外壁配筋。如图 2-51 所示。

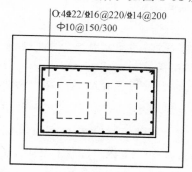

图 2-51　双高杯口独立基础短柱配筋示意

当双高杯口独立基础壁厚度小于 400 mm，在中间杯壁中配置构造钢筋见相应标准构造详图，设计不注。

d. 注写普通独立深基础带短柱竖向尺寸及钢筋。当独立基础埋深较大，设置短柱时，短柱配筋应注写在独立基础中。

具体注写规定如下：

（a）以 DZ 代表普通独立深基础短柱；

（b）先注写短柱纵筋，再注写箍筋，最后注写短柱标高范围。

普通独立深基础短柱竖向尺寸及钢筋注写为：角筋/长边中部筋/短边中部筋，箍筋，短柱标高范围；当短柱水平截面为正方形时，注写为：角筋/x 边中部筋/y 边中部筋，箍筋，短柱标高范围。

举例说明 当短柱配筋标注为：

$$DZ:4\,\Phi\,20/5\,\Phi\,18/5\,\Phi\,18,\phi\,10@100,-2.500\sim-0.050$$

表示独立基础的短柱设置在$-2.500\sim-0.050$ m高度范围内，配置HRB400级竖向钢筋和HPB300级箍筋。其竖向纵筋为：$4\,\Phi\,20$角筋、$5\,\Phi\,18$ x边中部筋和$5\,\Phi\,18$ y边中部筋，其箍筋直径为10 mm，间距为100 mm。如图2-52所示。

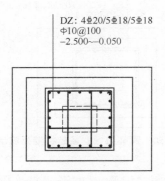

DZ: 4Φ20/5Φ18/5Φ18
ϕ10@100
$-2.500\sim-0.050$

图 2-52 独立基础短柱配筋示意

④注写基础底面标高（选注内容）。当独立基础的底面标高与基础底面基准标高不同时，应将独立基础底面标高直接注写在括号"（　）"内。

⑤必要的文字注解（选注内容）。当独立基础的设计有特殊要求时，宜增加必要的文字注解。例如，基础底板配筋长度是否采用减短方式，可在该项内注明。

（3）钢筋混凝土和素混凝土独立基础的原位标注，是在基础平面布置图上标注独立基础的平面尺寸。对相同编号的基础，可选择一个进行原位标注；当平面图形较小时，可将所选定的进行原位标注的基础按比例适当放大；其他相同编号者仅注编号。

原位标注的具体内容规定如下：

①普通独立基础。原位标注 x、y、x_c、y_c（或圆柱直径 d_c），x_i、y_i，$i=1,2,3\cdots$。其中，x、y为普通独立基础两向边长，x_c、y_c为柱截面尺寸，x_i、y_i为阶宽或坡形平面尺寸（当设置短柱时，还应标注短柱的截面尺寸）。

对称阶形截面普通独立基础的原位标注，如图2-53所示；非对称阶形截面普通独立基础的原位标注，如图2-54所示；设置短柱独立基础的原位标注，如图2-55所示。

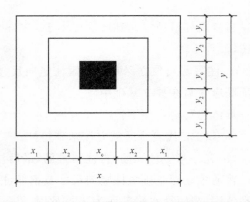

图 2-53 对称阶形截面普通独立基础原位标注

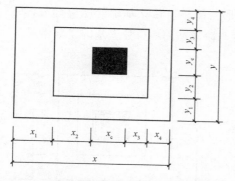

图 2-54　非对称阶形截面普通独立基础原位标注

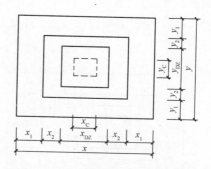

图 2-55　带短柱独立基础的原位标注

对称坡形截面普通独立基础的原位标注,如图 2-56 所示;非对称坡形截面普通独立基础的原位标注,如图 2-57 所示。

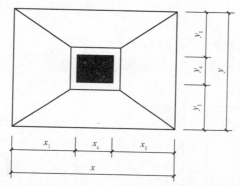

图 2-56　对称坡形截面普通独立基础原位标注

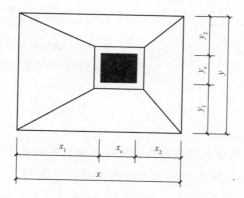

图 2-57　非对称坡形截面普通独立基础原位标注

②杯口独立基础。原位标注 x、y、x_u、y_u、t_i、x_i、y_i,$i=1,2,3\cdots$。其中,x、y 为杯口独立基础两向边长,x_u、y_u 为杯口上口尺寸,t_i 为杯壁上口厚度,x_i、y_i 为阶宽或坡形截面尺寸。杯口上口、下口尺寸 x_u、y_u,按柱截面边长两侧双向各加 75 mm;按标准构造详图(为插入杯口的相应柱

截面边长尺寸,每边各加 50 mm),设计不注。阶形截面杯口独立基础的原位标注,如图 2-58 和图 2-59 所示。阶形截面高杯口独立基础原位标注与阶形截面杯口独立基础完全相同。

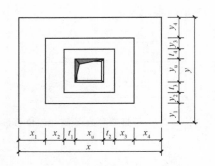

图 2-58　阶形截面杯口独立基础原位标注(一)

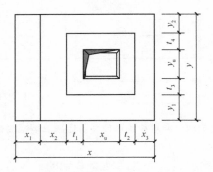

图 2-59　阶形截面杯口独立基础原位标注(二)

注:图中所示基础底板的一边比其他三边多一阶。

坡形截面杯口独立基础的原位标注,如图 2-60 和图 2-61 所示。坡形截面高杯口独立基础的原位标注与坡形截面杯口独立基础完全相同。

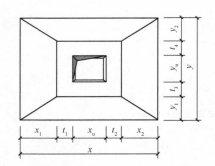

图 2-60　坡形截面杯口独立基础原位标注(一)

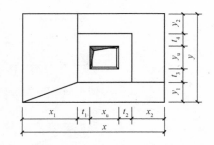

图 2-61　坡形截面杯口独立基础原位标注(二)

注:图中所示基础底板有两边不放坡。

要点提示

设计时应注意:当设计为非对称坡形截面独立基础且基础底板的某边不放坡时,在原位放大绘制的基础平面图上,或在圈引出来放大绘制的基础平面图上,应按实际放坡情况绘制分坡线。

(4)普通独立基础采用平面注写方式的集中标注和原位标注综合设计表达示意,如图 2-62 所示。

带短柱独立基础采用平面注写方式的集中标注和原位标注综合设计表达示意,如图 2-63 所示。

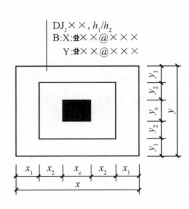

图 2-62　普通独立基础平面注写方式
设计表达示意

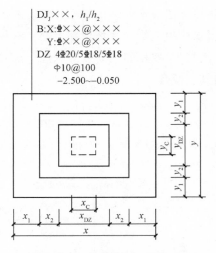

图 2-63　带短柱普通独立基础平面
注写方式设计表达示意

(5)杯口独立基础采用平面注写方式的集中标注和原位标注综合设计表达示意,如图 2-64
所示。

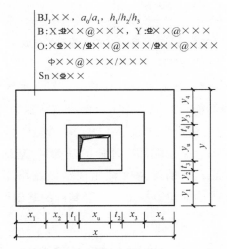

图 2-64　杯口独立基础平面注写方式设计表达示意

在图 2-64 中,集中标注的第三、四行内容,表达高杯口独立基础短柱的竖向纵筋和横向箍
筋;当为杯口独立基础时,集中标注通常为第一、二、五行的内容。

(6)独立基础通常为单柱独立基础,也可为多柱独立基础(双柱或四柱等)。多柱独立基础
的编号、几何尺寸和配筋的标注方法与单柱独立基础相同。

当为双柱独立基础且柱距较小时,通常仅配置基础底部钢筋;当柱距较大时,除基础底部
配筋外,还需在两柱间配置基础顶部钢筋或设置基础梁;当为四柱独立基础时,通常可设置两
道平行的基础梁,需要时可在两道基础梁之间配置基础顶部钢筋。多柱独立基础顶部配筋和

基础梁的注写方法规定如下。

①注写双柱独立基础底板顶部配筋。双柱独立基础的顶部配筋,通常对称分布在双柱中心线两侧,注写为:双柱间纵向受力钢筋/分布钢筋。当纵向受力钢筋在基础底板顶面非满布时,应注明其总根数。

举例说明　　T:11Φ18@100/Φ10@200,表示独立基础顶部配置纵向受力钢筋 HRB400 级,直径为Φ18 设置 11 根,间距为 100 mm;分布筋 HPB300 级,直径为 10 mm,分布间距为 200 mm,如图 2-65 所示。

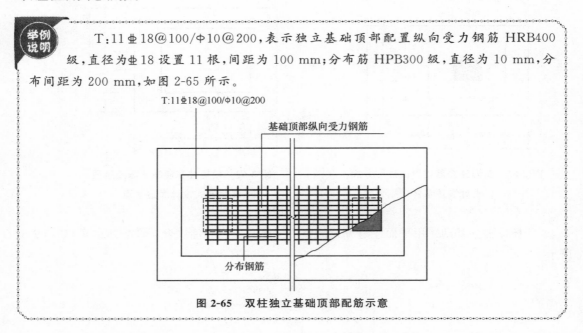

图 2-65　双柱独立基础顶部配筋示意

②注写双柱独立基础的基础梁配筋。当双柱独立基础为基础底板与基础梁相结合时,注写基础梁的编号、几何尺寸和配筋。如 JL××(1)表示该基础梁为 1 跨,两端无外伸;JL××(1A)表示该基础梁为 1 跨,一端有外伸;JL××(1B)表示该基础梁为 1 跨,两端均有外伸。

通常情况下,双柱独立基础宜采用端部有外伸的基础梁,基础底板则采用受力明确、构造简单的单向受力配筋与分布筋。基础梁宽度宜比柱截面宽出不小于 100 mm(每边不小于 50 mm)。双柱独立基础的基础梁的注写规定与条形基础的基础梁的注写规定相同,注写示意图如图 2-66 所示。

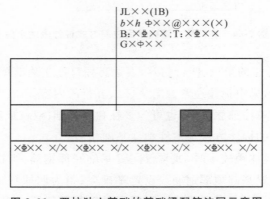

图 2-66　双柱独立基础的基础梁配筋注写示意图

③注写双柱独立基础的底板配筋。双柱独立基础底板配筋的注写，可以按条形基础底板的规定注写，也可以按独立基础底板的规定注写。

④注写配置两道基础梁的四柱独立基础底板顶部配筋。当四柱独立基础已设置两道平行的基础梁时，根据内力需要可在双梁之间及梁的长度范围内配置基础顶部钢筋，注写为：梁间受力钢筋/分布钢筋。

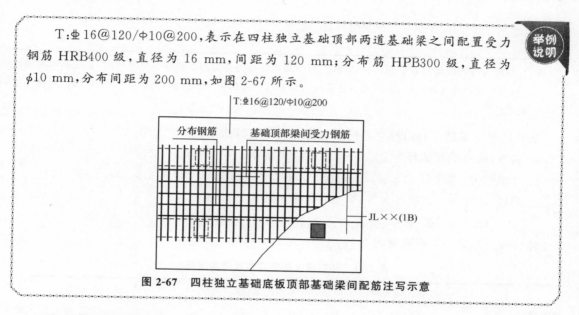

> **举例说明**
>
> T：Φ16@120/Φ10@200，表示在四柱独立基础顶部两道基础梁之间配置受力钢筋 HRB400 级，直径为 16 mm，间距为 120 mm；分布筋 HPB300 级，直径为 ϕ10 mm，分布间距为 200 mm，如图 2-67 所示。

图 2-67　四柱独立基础底板顶部基础梁间配筋注写示意

平行设置两道基础梁的四柱独立基础底板配筋，也可按双梁条形基础底板配筋的注写规定。

4. 独立基础的截面注写方式

(1)独立基础的截面注写方式，分为截面标注和列表注写(结合截面示意图)两种。

采用截面注写方式，应在基础平面布置图上对所有基础进行编号，见表 2-9。

(2)对单个基础进行截面标注的内容和形式，与传统的单构件正投影表示方法基本相同。对于已在基础平面布置图上原位标注清楚的该基础的平面几何尺寸，在截面图上可不再重复表达。

(3)对多个同类基础，可采用列表注写(结合截面示意图)的方式进行集中表达。表中内容为基础截面的几何数据和配筋等，在截面示意图上应标注与表中栏目相对应的代号。列表的具体内容规定如下。

①普通独立基础。普通独立基础列表集中注写栏目如下。

a. 编号：阶形截面编号为 DJ$_J$××，坡形截面编号为 DJ$_P$××。

b. 几何尺寸：水平 x、y、x_c、y_c（或圆柱直径 d_c），x_i、y_i，$i=1,2,3\cdots$；竖向尺寸 $h_1/h_2/h_3/\cdots$。

c. 配筋：B：X：Φ××@×××，Y：Φ××@×××。

普通独立基础列表格式见表 2-10。

表 2-10　普通独立基础几何尺寸和配筋

基础编号/ 截面号	截面几何尺寸				底部配筋(B)	
	x、y	x_c、y_c	x_i、y_i	$h_1/h_2/\cdots$	X 向	Y 向

注:可根据实际情况增加表中栏目。例如,当基础底面标高与基础底面基准标高不同时,加注基础底面标高;当为双柱独立基础时,加注基础顶部配筋或基础梁几何尺寸和配筋;当设置短柱时,增加短柱尺寸及配筋等。

②杯口独立基础。杯口独立基础列表集中注写栏目如下。

a. 编号:阶形截面编号为 BJ_J××,坡形截面编号为 BJ_P××。

b. 几何尺寸:水平尺寸 x、y,x_u、y_u,t_i,x_i、y_i,$i=1,2,3\cdots$;竖向尺寸 a_0、a_i,$h_1/h_2/h_3/\cdots$。

c. 配筋:B:X:$\oplus$××@×××,Y:$\oplus$××@×××,Sn×$\oplus$××。

　　　　O:×$\oplus$××/$\oplus$××@×××/$\oplus$××@×××,ϕ××@×××/×××。

杯口独立基础列表格式见表 2-11。

表 2-11　杯口独立基础几何尺寸和配筋

基础编号/ 截面号	截面几何尺寸				底部配筋(B)		杯口顶部 钢筋网 (Sn)	短柱配筋(O)	
	x、y	x_c、y_c	x_i、y_i	a_0、a_1,$h_1/h_2/h_3/\cdots$	X 向	Y 向		角筋/长边中部筋/ 短边中部筋	杯口壁箍筋/ 其他部位 箍筋

注:1. 可根据实际情况增加表中栏目。如当基础底面标高与基础底面基准标高不同时,加注基础底面标高;或增加说明栏目。

　　2. 短柱配筋适用于高杯口独立基础,并适用于杯口独立基础杯壁有配筋的情况。

5. 其他

当杯口独立基础配合采用国家建筑标准设计预制基础梁时,应根据要求,处理好相关构造。

二、条形基础平法施工图制图规则

1. 条形基础平法施工图的表示方法

(1)条形基础平法施工图有平面注写与截面注写两种表达方式,设计者可根据具体工程情况选择一种,或将两种方式相结合进行条形基础的施工图设计。

(2)当绘制条形基础平面布置图时,应将条形基础平面与基础所支承的上部结构的柱、墙一起绘制。当基础底面标高不同时,需注明与基础底面基准标高不同之处的范围和标高。

(3)当梁板式基础梁中心或板式条形基础板中心与建筑定位轴线不重合时,应标注其定位尺寸;对于编号相同的条形基础,可仅选择一个进行标注。

(4)条形基础整体上可分为两类:

①梁板式条形基础。该类条形基础适用于钢筋混凝土框架结构、框架-剪力墙结构、部分框支剪力墙结构和钢结构。平法施工图将梁板式条形基础分解为基础梁和条形基础底板分别进行表达。

②板式条形基础。该类条形基础适用于钢筋混凝土剪力墙结构和砌体结构。平法施工图仅表达条形基础底板。

2. 条形基础编号

条形基础编号分为基础梁和条形基础底板编号,应符合表 2-12 的规定。

表 2-12　条形基础梁及底板编号

类型		代号	序号	跨数及有无外伸
基础梁		JL	××	(××)端部无外伸
条形基础 底板	坡形	TJB_P	××	(××A)一端有外伸
	阶形	TJB_J	××	(××B)两端有外伸

注:条形基础通常采用坡形截面或单阶形截面。

3. 基础梁的平面注写方式

(1)基础梁 JL 的平面注写方式有集中标注和原位标注两种。

(2)基础梁的集中标注内容为:基础梁编号、截面尺寸、配筋三项必注内容,以及基础梁底面标高(与基础底面基准标高不同时)和必要的文字注解。具体规定如下。

①注写基础梁编号(必注内容),见表 2-12。

②注写基础梁截面尺寸(必注内容)。注写 $b×h$,表示梁截面宽度与高度。当为竖向加腋梁时,用 $b×h$　$Yc_1×c_2$ 表示,其中 c_1 为腋长,c_2 为腋高。

③注写基础梁配筋(必注内容)。

a. 注写基础梁箍筋:

(a)当具体设计仅采用一种箍筋间距时,注写钢筋级别、直径、间距与肢数(箍筋肢数写在括号内,下同)。

(b)当具体设计采用两种箍筋时,用斜线"/"分隔不同箍筋,按照从基础梁两端向跨中的顺序注写。先注写第 1 段箍筋(在前面加注箍筋道数),在斜线后注写第 2 段箍筋(不再加注箍筋道数)。

9⾣16@100/⾣16@200(6),表示配置两种间距 HRB400 级箍筋,直径为 16 mm,从梁两端起向跨内按箍筋间距为 100 mm 设置 9 道,梁其余部位的箍筋间距为 200 mm,均为六肢箍。

要点提示

施工时应注意:两向基础梁相交的柱下区域,应有一向截面较高的基础梁按梁端箍筋贯通设置;当两向基础梁高度相同时,任选一向基础梁箍筋贯通设置。

b. 注写基础梁底部、顶部及侧面纵向钢筋:

(a)以 B 打头,注写梁底部贯通纵筋(不应少于梁底部受力钢筋总截面面积的 1/3)。当跨中所注根数少于箍筋肢数时,需要在跨中增设梁底部架立筋以固定箍筋,采用"+"将贯通纵筋与架立筋相连,架立筋注写在加号后面的括号内。

(b)以 T 打头,注写梁顶部贯通纵筋。注写时用分号";"将底部与顶部贯通纵筋分隔开,如有个别跨与其不同者,按原位注写的规定处理。

(c)当梁底部或顶部贯通纵筋多于一排时,用斜线"/"将各排纵筋自上而下分开。

注:1. 基础梁的底部贯通纵筋,可在跨中 1/3 净跨长度范围内采用搭接连接、机械连接或焊接;

2. 基础梁的顶部贯通纵筋,可在距柱根 1/4 净跨长度范围内采用搭接连接,或在柱根附近采用机械连接或焊接,且应严格控制接头百分率。

B:4Φ25;T:12Φ25 7/5,表示梁底部配置贯通纵筋为 4Φ25;梁顶部配置贯通纵筋上一排为 7Φ25,下一排为 5Φ25,共 12Φ25。

(d)以大写字母 G 打头注写梁两侧面对称设置的纵向构造钢筋的总配筋值(当梁腹板净高 h_w 不小于 450 mm 时,根据需要配置)。

G8Φ14,表示梁每个侧面配置纵向构造钢筋 4Φ14,共配置 8Φ14。

④注写基础梁底面标高(选注内容)。当条形基础的底面标高与基础底面基准标高不同时,将条形基础底面标高注写在括号"( )"内。

⑤必要的文字注解(选注内容)。当基础梁的设计有特殊要求时,宜增加必要的文字注解。

(3)基础梁 JL 的原位标注规定如下:

①原位标注基础梁端或梁在柱下区域的底部全部纵筋(包括底部非贯通纵筋和已集中注写的底部贯通纵筋)。

a. 当梁端或梁在柱下区域的底部纵筋多于一排时,用斜线"/"将各排纵筋自上而下分开。

b. 当同排纵筋有两种直径时,用加号"+"将两种直径的纵筋相连。

c. 当梁中间支座或梁在柱下区域两边的底部纵筋配置不同时,需在支座两边分别标注;当梁中间支座两边的底部纵筋相同时,可仅在支座的一边标注。

d. 当梁支座底部全部纵筋与集中注写过的底部贯通纵筋相同时,可不再重复做原位标注。

要点提示

设计时应注意:当对底部一平梁的支座两边的底部非贯通纵筋采用不同配筋值时("底部一平"为"梁底部在同一个平面上"的缩略词),应先按较小一边的配筋值选配相同直径的纵筋贯穿支座,再将较大一边的配筋差值选配适当直径的钢筋锚入支座,避免造成支座两边大部分钢筋直径不相同的不合理配置结果。

施工及预算方面应注意:当底部贯通纵筋经原位注写修正,出现两种不同配置的底部贯通纵筋时,应在两毗邻跨中配置较小一跨的跨中连接区域进行连接(即配置较大一跨的底部贯通筋需伸出至毗邻跨的跨中连接区域)。

②原位注写基础梁的附加箍筋或(反扣)吊筋。当两向基础梁十字交叉,但交叉位置无柱时,应根据抗力需要设置附加箍筋或(反扣)吊筋。

将附加箍筋或(反扣)吊筋直接画在平面图的条形基础主梁上,原位直接引注总配筋值(附加箍筋的肢数注在括号内)。当多数附加箍筋或(反扣)吊筋相同时,可在条形基础平法施工图上统一注明。少数与统一注明值不同时,再原位直接引注。

要点提示

施工时应注意:附加箍筋或(反扣)吊筋的几何尺寸应按照标准构造详图,结合其所在位置的主梁和次梁的截面尺寸确定。

③原位注写基础梁外伸部位的变截面高度尺寸。当基础梁外伸部位采用变截面高度时,在该部位原位注写 $b \times h_1/h_2$,h_1 为根部截面高度,h_2 为尽端截面高度。

④原位注写修正内容。当在基础梁上集中标注的某项内容(如截面尺寸、箍筋、底部与顶部贯通纵筋或架立筋、梁侧面纵向构造钢筋、梁底面标高等)不适用于某跨或某外伸部位时,将其修正内容原位标注在该跨或该外伸部位,施工时原位标注取值优先。当在多跨基础梁的集中标注中已注明加腋,而该梁某跨根部不需要加腋时,则应在该跨原位标注无 $Yc_1 \times c_2$ 的 $b \times h$,以修正集中标注中的竖向加腋要求。

4. 基础梁底部非贯通纵筋的长度规定

(1)为方便施工,对于基础梁柱下区域底部非贯通纵筋的伸出长度 a_0 值,当配置不多于两排时,在标准构造详图中统一取值为自柱边向跨内伸出至 $l_n/3$ 位置;当非贯通纵筋配置多于两排时,从第三排起向跨内的伸出长度值应由设计者注明。

l_n 的取值规定为:边跨边支座的底部非贯通纵筋,l_n 取本边跨的净跨长度值;对于中间支座的底部非贯通纵筋,l_n 取支座两边较大一跨的净跨长度值。

(2)基础梁外伸部位底部纵筋的伸出长度 a_0 值,在标准构造详图中统一取值为:第一排伸出至梁端头后,全部上弯 $12d$ 或 $15d$;其他排钢筋伸至梁端头后截断。

(3)设计者在执行底部非贯通纵筋伸出长度的统一取值规定时,应注意按《混凝土结构设计规范》(GB 50010—2010)、《建筑地基基础设计规范》(GB 50007—2011)和《高层建筑混凝土结构技术规程》(JGJ 3—2010)的相关规定进行校核,若不满足应另行变更。

5. 条形基础底板的平面注写方式

(1)条形基础底板 TJB$_P$、TJB$_J$ 的平面注写方式,分集中标注和原位标注两部分内容。

(2)条形基础底板的集中标注内容为:条形基础底板编号、截面竖向尺寸、配筋三项必注内容,以及条形基础底板底面标高(与基础底面基准标高不同时)、必要的文字注解。素混凝土条形基础底板的集中标注,除无底板配筋内容外与钢筋混凝土条形基础底板相同。具体规定如下。

①注写条形基础底板编号(必注内容),见表2-12。条形基础底板向两侧的截面形状通常有两种:

a. 阶形截面,编号加下标"J",如 TJB$_J$××(××);

b. 坡形截面,编号加下标"P",如 TJB$_P$××(××)。

②注写条形基础底板截面竖向尺寸(必注内容)。

a. 当条形基础底板为坡形截面时,注写为:h_1/h_2,如图2-68所示。

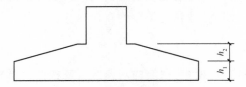

图 2-68　条形基础底板坡形截面竖向尺寸

> **举例说明**　当条形基础底板为坡形截面 TJB$_P$××,其截面竖向尺寸注写为 300/250 时,表示 $h_1=300$ mm、$h_2=250$ mm,基础底板根部总厚度为 550 mm。

b. 当条形基础底板为阶形截面时,如图2-69所示。

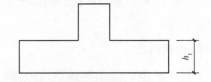

图 2-69　条形基础底板阶形截面竖向尺寸

> **举例说明**　当条形基础底板为阶形截面 TJB$_J$××,其截面竖向尺寸注写为 300 时,表示 $h_1=300$ mm,且为基础底板总厚度。

上例及图2-69为单阶,当为多阶时各阶尺寸自下而上以斜线"/"分隔顺写。

③注写条形基础底板底部及顶部配筋(必注内容)。

以 B 打头,注写条形基础底板底部的横向受力钢筋;以 T 打头,注写条形基础底板顶部的横向受力钢筋;注写时,用斜线"/"分隔条形基础底板的横向受力钢筋与纵向分布钢筋,如

图 2-70、图 2-71 所示。

当条形基础底板配筋标注为：

B:⊥14@150/Φ8@250

表示条形基础底板底部配置 HRB400 级横向受力钢筋，直径为 14 mm，分布间距为150 mm；配置 HPB300 级构造钢筋，直径为 8 mm，分布间距为 250 mm。如图 2-70所示。

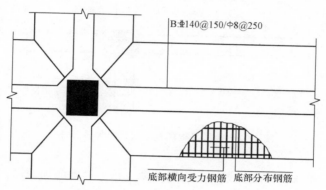

图 2-70　条形基础底板底部配筋示意

当为双梁（或双墙）条形基础底板时，除在底板底部配置钢筋外，一般还需在两根梁或两道墙之间的底板顶部配置钢筋，其中横向受力钢筋的锚固从梁的内边缘（或墙边缘）起算，如图 2-71 所示。

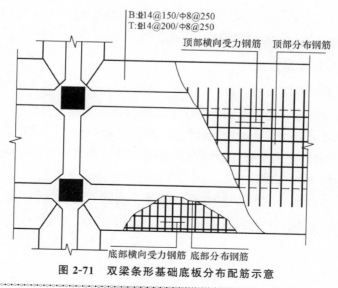

图 2-71　双梁条形基础底板分布配筋示意

④注写条形基础底板底面标高（选注内容）。当条形基础底板的底面标高与条形基础底面基准标高不同时，应将条形基础底板底面标高注写在括号"（　）"内。

⑤必要的文字注解(选注内容)。当条形基础底板有特殊要求时,应增加必要的文字注解。

(3)条形基础底板的原位标注规定如下。

①原位注写条形基础底板的平面尺寸。原位标注 b、b_i,$i=1,2,3\cdots$。其中,b 为基础底板总宽度,b_i 为基础底板台阶的宽度。当基础底板采用对称于基础梁的坡形截面或单阶形截面时,b_i 可不注,如图 2-72 所示。

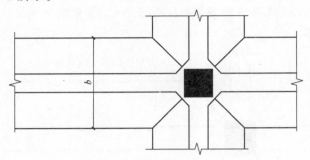

图 2-72　条形基础底板平面尺寸原位标注

素混凝土条形基础底板的原位标注与钢筋混凝土条形基础底板相同。对于相同编号的条形基础底板,可仅选择一个进行标注。

梁板式条形基础存在双梁共用同一基础底板、墙下条形基础也存在双墙共用同一基础底板的情况,当为双梁或为双墙且梁或墙荷载差别较大时,条形基础两侧可取不同的宽度,实际宽度以原位标注的基础底板两侧非对称的不同台阶宽度 b_i 进行表达。

②原位注写修正内容。当在条形基础底板上集中标注的某项内容,如底板截面竖向尺寸、底板配筋、底板底面标高,不适用于条形基础底板的某跨或某外伸部分时,可将其修正内容原位标注在该跨或该外伸部位,施工时原位标注取值优先。

6. 条形基础的截面注写方式

(1)条形基础的截面注写方式,分为截面注写和列表注写(结合截面示意图)两种。

采用截面注写方式,应在基础平面布置图上对所有条形基础进行编号,见表 2-12。

(2)对条形基础进行截面标注的内容和形式,与传统的单构件正投影表示方法基本相同。对于已在基础平面布置图上原位标注清楚的该条形基础梁和条形基础底板的水平尺寸,可不在截面图上重复表达,具体表达内容可参照 16G101-3 图集的规定。

(3)对多个条形基础可采用列表注写(结合截面示意图)的方式进行集中表达。表中内容为条形基础截面的几何数据和配筋,截面示意图上应标注与表中栏目相对应的代号。列表的具体内容规定如下。

①基础梁列表集中注写栏目如下:

a. 编号:注写 JL××(××)、JL××(××A)或 JL××(××B)。

b. 几何尺寸:梁截面宽度与高度 $b\times h$。当为竖向加腋梁时,注写 $b\times h\quad Yc_1\times c_2$,其中 c_1 为腋长,c_2 为腋高。

c.配筋:注写基础梁底部贯通纵筋＋非贯通纵筋,顶部贯通纵筋,箍筋。当设计为两种箍筋时,箍筋注写为:第一种箍筋/第二种箍筋,第一种箍筋为梁端部箍筋。注写内容包括箍筋的箍数、钢筋级别、直径、间距与肢数。

基础梁列表格式见表2-13。

表2-13　基础梁几何尺寸和配筋

基础梁编号/截面号	截面几何尺寸		配筋	
	$b×h$	竖向加腋 $c_1×c_2$	底部贯通纵筋＋非贯通纵筋,顶部贯通纵筋	第一种箍筋/第二种箍筋

注:表中可根据实际情况增加栏目,如增加基础梁底面标高。

②条形基础底板列表集中注写栏目如下:

a. 编号:坡形截面编号为 $TJB_P××(××)$、$TJB_P××(××A)$ 或 $TJB_P××(××B)$,阶形截面编号为 $TJB_J××(××)$、$TJB_J××(××A)$ 或 $TJB_J××(××B)$。

b. 几何尺寸:水平尺寸 b、b_i,$i=1,2\cdots$;竖向尺寸 h_1/h_2。

c. 配筋:B:$⊕××@×××/⊕××@×××$。

条形基础底板列表格式见表2-14。

表2-14　条形基础底板几何尺寸和配筋

基础底板编号/截面号	截面几何尺寸			底部配筋(B)	
	b	b_i	h_1/h_2	横向受力钢筋	纵向分布钢筋

注:表中可根据实际情况增加栏目,如增加上部配筋、基础底板底面标高(与基础底板底面基准标高不一致时)等。

三、梁板式筏形基础平法施工图制图规则

1. 梁板式筏形基础平法施工图的表示方法

(1)梁板式筏形基础平法施工图,是在基础平面布置图上采用平面注写方式进行表达。

(2)当绘制基础平面布置图时,应将梁板式筏形基础与其所支承的柱、墙一起绘制。当基础底面标高不同时,需注明与基础底面基准标高不同之处的范围和标高。

(3)通过选注基础梁底面与基础平板底面的标高高差来表达两者间的位置关系,可以明确其"高板位"(梁顶与板顶一平)、"低板位"(梁底与板底一平)及"中板位"(板在梁的中部)三种不同位置组合的筏形基础,方便设计表达。

(4)对于轴线未居中的基础梁,应标注其定位尺寸。

2. 梁板式筏形基础构件的类型与编号

梁板式筏形基础由基础主梁、基础次梁、基础平板等构成,编号应符合表 2-15 的规定。

表 2-15　梁板式筏形基础构件编号

构件类型	代号	序号	跨数及有无外伸
基础主梁(柱下)	JL	××	(××)或(××A)或(××B)
基础次梁	JCL	××	(××)或(××A)或(××B)
梁板筏基础平板	LPB	××	

注:1.(××A)为一端有外伸,(××B)为两端有外伸,外伸不计入跨数。

　　2.梁板式筏形基础平板跨数及是否有外伸分别在 X、Y 两向的贯通纵筋之后表达,图面从左至右为 X 向,从下至上为 Y 向。

　　3.梁板式筏形基础主梁与条形基础梁编号与标准构造详图一致。

举例说明

JL7(5B)表示第 7 号基础主梁,5 跨,两端有外伸。

3. 基础主梁与基础次梁的平面注写方式

(1)基础主梁 JL 与基础次梁 JCL 的平面注写方式,分集中标注与原位标注两部分内容。当集中标注中的某项数值不适用于梁的某部位时,则将该项数值采用原位标注,施工时,原位标注优先。

(2)基础主梁 JL 与基础次梁 JCL 的集中标注包括基础梁编号、截面尺寸、配筋三项必注内容,以及基础梁底面标高高差(相对于筏形基础平板底面标高)一项选注内容。具体规定如下。

①注写基础梁的编号,见表 2-15。

②注写基础梁的截面尺寸。以 $b \times h$ 表示梁截面宽度与高度;当为竖向加腋梁时,用 $b \times h$ Y$c_1 \times c_2$ 表示,其中 c_1 为腋长,c_2 为腋高。

③注写基础梁的配筋。

a. 注写基础梁箍筋。

(a)当采用一种箍筋间距时,注写钢筋级别、直径、间距与肢数(写在括号内)。

(b)当采用两种箍筋时,用斜线"/"分隔不同箍筋,按照从基础梁两端向跨中的顺序注写。先注写第 1 段箍筋(在前面加注箍数),在斜线后再注写第 2 段箍筋(不再加注箍数)。

举例说明

9Φ16@100/Φ16@200(6),表示箍筋为 HRB400 级钢筋,直径为 16 mm,间距为两种,从梁端向跨内按箍筋间距为 100 mm,设置 9 道,其余间距为 200 mm,均为六肢箍。

要点提示

施工时应注意：

两向基础主梁相交的柱下区域,应有一向截面较高的基础主梁按梁端箍筋贯通设置;

当两向基础主梁高度相同时,任选一向基础主梁箍筋贯通设置。

b. 注写基础梁的底部、顶部及侧面纵向钢筋。

(a)以 B 打头,先注写梁底部贯通纵筋(不应少于底部受力钢筋总截面面积的1/3)。当跨中所注根数少于箍筋肢数时,需要在跨中加设架立筋以固定箍筋,注写时,用加号"＋"将贯通纵筋与架立筋相连,架立筋注写在加号后面的括号内。

(b)以 T 打头,注写梁顶部贯通纵筋值。注写时,用分号";"将底部与顶部纵筋分隔开。

B4Φ32;T7Φ32,表示梁的底部配置 4Φ32 的贯通纵筋,梁的顶部配置 7Φ32 的贯通纵筋。

(c)当梁底部或顶部贯通纵筋多于一排时,用斜线"/"将各排纵筋自上而下分开。

梁底部贯通纵筋注写为:

B8Φ28　3/5

表示上一排纵筋为 3Φ28,下一排纵筋为 5Φ28。

(d)以大写字母 G 打头注写基础梁两侧面对称设置的纵向构造钢筋的总配筋值(当梁腹板高度 $h_w \geq 450$ mm 时,根据需要配置)。

G8Φ16,表示梁的两个侧面共配置 8Φ16 的纵向构造钢筋,每侧各配置 4Φ16。

当需要配置抗扭纵向钢筋时,梁两个侧面设置的抗扭纵向钢筋以 N 打头。

注:1. 当为梁侧面构造钢筋时,其搭接与锚固长度可取为 15d。

2. 当为梁侧面受扭纵向钢筋时,其锚固长度为 l_a,搭接长度为 l_l;其锚固方式同基础梁上部纵筋。

N8Φ16,表示梁的两个侧面共配置 8Φ16 的纵向抗扭钢筋,沿截面周边均匀对称设置。

④注写基础梁底面标高高差(是指相对于筏形基础平板底面标高的高差值),该项为选注值。有高差时需将高差写入括号(如"高板位"与"中板位"基础梁的底面与基础平板底面标高的高差值),无高差时不注(如"低板位"筏形基础的基础梁)。

(3)基础主梁与基础次梁的原位标注规定如下。

①梁支座的底部纵筋是指包含贯通纵筋与非贯通纵筋在内的所有纵筋。

a. 当底部纵筋多于一排时,用斜线"/"将各排纵筋自上而下分开。

梁端(支座)区域底部纵筋注写为:

$$10 \text{\Phi} 25\ 4/6$$

表示上一排纵筋为 4 Φ 25,下一排纵筋为 6 Φ 25。

b. 当同排纵筋有两种直径时,用加号"+"将两种直径的纵筋相连。

梁端(支座)区域底部纵筋注写为:

$$4 \text{\Phi} 28 + 2 \text{\Phi} 25$$

表示一排纵筋由两种不同直径的钢筋组合。

c. 当梁中间支座两边的底部纵筋配置不同时,需在支座两边分别标注;当梁中间支座两边的底部纵筋相同时,可仅在支座的一边标注配筋值。

d. 当梁端(支座)区域的底部全部纵筋与集中注写过的贯通纵筋相同时,可不再重复做原位标注。

e. 竖向加腋梁加腋部位钢筋,需在设置加腋的支座处以 Y 打头注写在括号内。

竖向加腋梁端(支座)处注写为:

$$Y4 \text{\Phi} 25$$

表示竖向加腋部位斜纵筋为 4 Φ 25。

要点提示

设计时应注意:当对底部一平的梁支座两边的底部非贯通纵筋采用不同配筋值时,应先按较小一边的配筋值选配相同直径的纵筋贯穿支座,再将较大一边的配筋差值选配适当直径的钢筋锚入支座,避免造成两边大部分钢筋直径不相同的不合理配置结果。

施工及预算方面应注意:当底部贯通纵筋经原位修正注写后,两种不同配置的底部贯通纵筋应在两毗邻跨中配置较小一跨的跨中连接区域连接(即配置较大一跨的底部贯通纵筋需越过其跨数终点或起点伸至毗邻跨的跨中连接区域)。

②注写基础梁的附加箍筋或(反扣)吊筋。将其直接画在平面图中的主梁上,用线引注总配筋值(附加箍筋的肢数注在括号内),当多数附加箍筋或(反扣)吊筋相同时,可在基础梁平法施工图上统一注明,少数与统一注明值不同时,再原位引注。

要点提示

施工时应注意:附加箍筋或(反扣)吊筋的几何尺寸应按照标准构造详图,结合其所在位置的主梁和次梁的截面尺寸确定。

③当基础梁外伸部位变截面高度时，在该部位原位注写 $b \times h_1/h_2$，h_1 为根部截面高度，h_2 为尽端截面高度。

④注写修正内容。当在基础梁上集中标注的某项内容(如梁截面尺寸、箍筋、底部与顶部贯通纵筋或架立筋、梁侧面纵向构造钢筋、梁底面标高高差)不适用于某跨或某外伸部分时，则将其修正内容原位标注在该跨或该外伸部位，施工时原位标注取值优先。当在多跨基础梁的集中标注中已注明加腋，而该梁某跨根部不需要加腋时，应在该跨原位标注等截面的 $b \times h$，以修正集中标注中的加腋信息。

4. 基础梁底部非贯通纵筋的长度规定

(1)为方便施工，凡基础主梁柱下区域和基础次梁支座区域底部非贯通纵筋的伸出长度 a_0 值，当配置不多于两排时，在标准构造详图中统一取值为自支座边向跨内伸出至 $l_n/3$ 位置；当非贯通纵筋配置多于两排时，从第三排起向跨内的伸出长度值应由设计者注明。

l_n 的取值规定为：边跨边支座的底部非贯通纵筋，l_n 取本边跨的净跨长度值；中间支座的底部非贯通纵筋，l_n 取支座两边较大一跨的净跨长度值。

(2)基础主梁与基础次梁外伸部位底部纵筋的伸出长度 a_0 值，在标准构造详图中统一取值为：第一排伸出至梁端头后，全部上弯 $12d$；其他排伸至梁端头后截断。

(3)设计者在执行基础梁底部非贯通纵筋伸出长度的统一取值规定时，应注意按《混凝土结构设计规范》(GB 50010—2010)、《建筑地基基础设计规范》(GB 50007—2011)和《高层建筑混凝土结构技术规程》(JGJ 3—2010)的相关规定进行校核，若不满足应另行变更。

5. 梁板式筏形基础平板的平面注写方式

(1)梁板式筏形基础平板 LPB 的平面注写，分集中标注与原位标注两部分内容。

(2)梁板式筏形基础平板 LPB 贯通纵筋的集中标注，应在所表达的板区双向均为第一跨(X 与 Y 双向首跨)的板上引出(图面从左至右为 X 向，从下至上为 Y 向)。

板区划分条件：板厚相同、基础平板底部与顶部贯通纵筋配置相同的区域为同一板区。

集中标注的内容规定如下：

①注写基础平板的编号，见表 2-15。

②注写基础平板的截面尺寸。注写 $h=\times\times\times$ 表示板厚。

③注写基础平板的底部与顶部贯通纵筋、跨数及外伸情况。先注写 X 向底部(B 打头)贯通纵筋与顶部(T 打头)贯通纵筋及纵向长度范围，再注写 Y 向底部(B 打头)贯通纵筋与顶部(T 打头)贯通纵筋、跨数及外伸情况(图面从左至右为 X 向，从下至上为 Y 向)。

贯通纵筋的跨数及外伸情况注写在括号中，注写方式为"跨数及有无外伸"，其表达形式为($\times\times$)(无外伸)、($\times\times$A)(一端有外伸)或($\times\times$B)(两端有外伸)。

注：基础平板的跨数以构成柱网的主轴线为准；两主轴线之间无论有几道辅助轴线(例如框筒结构中混凝土内筒中的多道墙体)，均可按一跨考虑。

X：B Φ 22@150；T Φ 20@150；(5B)

Y：B Φ 20@200；T Φ 18@200；(7A)

表示基础平板 X 向底部配置 Φ 22、间距为 150 mm 的贯通纵筋，顶部配置 Φ 20、间距为 150 mm 的贯通纵筋，共 5 跨，两端有外伸；Y 向底部配置 Φ 20、间距为 200 mm 的贯通纵筋，顶部配置 Φ 18、间距为 200 mm 的贯通纵筋，共 7 跨，一端有外伸。

当贯通筋采用两种规格钢筋"隔一布一"方式时，表达为 Φ xx/yy@×××，表示直径 xx 的钢筋和直径 yy 的钢筋之间的间距为×××，直径为 xx 的钢筋、直径为 yy 的钢筋间距分别为×××的 2 倍。

举例说明　Φ 10/12@100 表示贯通纵筋为 Φ 10、Φ 12 隔一布一，彼此之间的间距为 100 mm。

要点提示

施工及预算方面应注意：当基础平板分板区进行集中标注，且相邻板区板底一平时，两种不同配置的底部贯通纵筋应在两毗邻板跨中配筋较小板跨的跨中连接区域连接（即配置较大板跨的底部贯通纵筋需越过板区分界线伸至毗邻板跨的跨中连接区域）。

（3）梁板式筏形基础平板 LPB 的原位标注，主要表达板底部附加非贯通纵筋。

①原位注写位置及内容。板底部原位标注的附加非贯通纵筋，应在配置相同跨的第一跨表达（当在基础梁悬挑部位单独配置时则在原位表达）。在配置相同跨的第一跨（或基础梁外伸部位），垂直于基础梁绘制一段中粗虚线（当该筋通长设置在外伸部位或短跨板下部时，应画至对边或贯通短跨），在虚线上注写编号（如①、②）、配筋值、横向布置的跨数及是否布置到外伸部位。

注：（××）为横向布置的跨数，（××A）为横向布置的跨数及一端基础梁的外伸部位，（××B）为横向布置的跨数及两端基础梁外伸部位。

板底部附加非贯通纵筋向两边跨内的伸出长度值注写在线段的下方位置。当该筋向两侧对称伸出时，可仅在一侧标注，另一侧不注；当布置在边梁下时，向基础平板外伸部位一侧的伸出长度与方式按标准构造，设计不注。底部附加非贯通筋相同者，可仅注写一处，其他只注写编号。

横向连续布置的跨数及是否布置到外伸部位，不受集中标注贯通纵筋的板区限制。

举例说明　在基础平板第一跨原位注写底部附加非贯通纵筋 Φ 18@300(4A)，表示在第一跨至第四跨板且包括基础梁外伸部位横向配置 Φ 18@300 底部附加非贯通纵筋。伸出长度值略。

原位注写的底部附加非贯通纵筋与集中标注的底部贯通钢筋，宜采用"隔一布一"的方式布置，即基础平板（X 向或 Y 向）底部附加非贯通纵筋与贯通纵筋间隔布置，其标注间距与底部贯通纵筋相同(两者实际组合后的间距为各自标注间距的1/2)。

原位注写的基础平板底部附加非贯通纵筋为⑤⊈22@300(3),该3跨范围集中标注的底部贯通纵筋为B⊈22@300,在该3跨支座处实际横向设置的底部纵筋合计为⊈22@150。其他与⑤号筋相同的底部附加非贯通纵筋可仅注编号⑤。

原位注写的基础平板底部附加非贯通纵筋为②⊈25@300(4),该4跨范围集中标注的底部贯通纵筋为B⊈22@300,表示该4跨支座处实际横向设置的底部纵筋为⊈25和⊈22,间隔布置,彼此间距为150 mm。

②注写修正内容。当集中标注的某些内容不适用于梁板式筏形基础平板某板区的某一板跨时,应由设计者在该板跨内注明,施工时应按注明内容取用。

③当若干基础梁下基础平板的底部附加非贯通纵筋配置相同时(其底部、顶部的贯通纵筋可以不同),可仅在一根基础梁下做原位注写,并在其他梁上注明"该梁下基础平板底部附加非贯通纵筋同××基础梁"。

(4)梁板式筏形基础平板 LPB 的平面注写规定,同样适用于钢筋混凝土墙下的基础平板。

6. 其他

(1)当在基础平板周边沿侧面设置纵向构造钢筋时,应在图中注明。

(2)应注明基础平板外伸部位的封边方式,当采用 U 形钢筋封边时应注明其规格、直径及间距。

(3)当基础平板外伸变截面高度时,应注明外伸部位的 h_1/h_2,h_1 为板根部截面高度,h_2 为板尽端截面高度。

(4)当基础平板厚度大于 2 m 时,应注明具体构造要求。

(5)当在基础平板外伸阳角部位设置放射筋时,应注明放射筋的强度等级、直径、根数及设置方式等。

(6)当在板的分布范围内采用拉筋时,应注明拉筋的强度等级、直径、双向间距等。

(7)应注明混凝土垫层厚度与强度等级。

(8)结合基础主梁交叉纵筋的上下关系,当基础平板同一层面的纵筋交叉时,应注明何向纵筋在下,何向纵筋在上。

(9)设计需注明的其他内容。

四、平板式筏形基础平法施工图制图规则

1. 平板式筏形基础平法施工图的表示方法

(1)平板式筏形基础平法施工图,是在基础平面布置图上采用平面注写方式表达。

(2)当绘制基础平面布置图时,应将平板式筏形基础与其所支承的柱、墙一起绘制。当基础底面标高不同时,需注明与基础底面基准标高不同之处的范围和标高。

2. 平板式筏形基础构件的类型与编号

平板式筏形基础可划分为柱下板带和跨中板带,按基础平板进行表达。平板式筏形基础构件编号按表 2-16 的规定。

表 2-16 平板式筏形基础构件编号

构件类型	代号	序号	跨数及有无外伸
柱下板带	ZXB	××	(××)或(××A)或(××B)
跨中板带	KZB	××	(××)或(××A)或(××B)
平板式筏基础平板	BPB	××	

注:1.(××A)为一端有外伸,(××B)为两端有外伸,外伸不计入跨数。

　　2. 平板式筏形基础平板,其跨数及是否有外伸分别在 X、Y 两向的贯通纵筋之后表达。图面从左至右为 X 向,从下至上为 Y 向。

3. 柱下板带、跨中板带的平面注写方式

(1)柱下板带 ZXB(视其为无箍筋的宽扁梁)与跨中板带 KZB 的平面注写,分集中标注与原位标注两部分内容。

(2)柱下板带与跨中板带的集中标注,应在第一跨(X 向为左端跨,Y 向为下端跨)引出。具体规定如下:

①注写编号见表 2-16。

②注写截面尺寸,注写 b=×××× 表示板带宽度(在图注中注明基础平板厚度)。确定柱下板带宽度应根据规范要求与结构实际受力需要。当柱下板带宽度确定后,跨中板带宽度亦随之确定(即相邻两平行柱下板带之间的距离)。当柱下板带中心线偏离柱中心线时,应在平面图上标注其定位尺寸。

③注写底部与顶部贯通纵筋。注写底部贯通纵筋(B 打头)与顶部贯通纵筋(T 打头)的规格与间距,用";"将其分隔开。柱下板带的柱下区域,通常在其底部贯通纵筋的间隔内插空设有(原位注写的)底部附加非贯通纵筋。

BΦ22@300;TΦ25@150 表示板带底部配置Φ22、间距为 300 mm 的贯通纵筋,板带顶部配置Φ25、间距为 150 mm 的贯通纵筋。

要点提示

施工及预算方面应注意:当柱下板带的底部贯通纵筋配置从某跨开始改变时,两种不同配置的底部贯通纵筋应在两毗邻跨中配置较小跨的跨中连接区域连接(即配置较大跨的底部贯通纵筋需越过其跨数终点或起点伸至毗邻跨的跨中连接区域。

(3)柱下板带与跨中板带原位标注的内容,主要为底部附加非贯通纵筋。

①注写内容，以一段与板带同向的中粗虚线代表附加非贯通纵筋；柱下板带：贯穿其柱下区域绘制；跨中板带，横贯柱中线绘制。在虚线上注写底部附加非贯通纵筋的编号（如①、②）、钢筋级别、直径、间距，以及自柱中线分别向两侧跨内的伸出长度值。当向两侧对称伸出时，长度值可仅在一侧标注，另一侧不注。外伸部位的伸出长度与方式按标准构造，设计不注。对同一板带中底部附加非贯通筋相同者，可仅在一根钢筋上注写，其他可仅在中粗虚线上注写编号。

原位注写的底部附加非贯通纵筋与集中标注的底部贯通纵筋，宜采用"隔一布一"的方式布置，即柱下板带或跨中板带与底部贯通纵筋相同（两者实际组合的间距为各自标注间距的1/2）。

当跨中板带在轴线区域不设置底部附加非贯通纵筋时，则不做原位注写。

　　柱下区域注写底部附加非贯通纵筋③Φ22@300，集中标注的底部贯通纵筋也为 B Φ22@300，表示在柱下区域实际设置的底部纵筋为Φ22@150，其他部位与③号筋相同的附加非贯通纵筋仅注编号③。

　　柱下区域注写底部附加非贯通纵筋②Φ25@300，集中标注的底部贯通纵筋为 B Φ22@300，表示在柱下区域实际设置的底部纵筋为Φ25 和Φ22 间隔布置，彼此之间的间距为 150 mm。

②注写修正内容。当在柱下板带、跨中板带上集中标注的某些内容（如截面尺寸、底部与顶部贯通纵筋）不适用于某跨或某外伸部分时，则将修正的数值原位标注在该跨或该外伸部位，施工时原位标注取值优先。

要点提示

设计时应注意：对于支座两边不同配筋值的（经注写修正的）底部贯通纵筋，应按较小一边的配筋值选配相同直径的纵筋贯穿支座，较大一边的配筋差值选配适当直径的钢筋锚入支座，避免造成两边大部分钢筋直径不相同的不合理配置结果。

（4）柱下板带 ZXB 与跨中板带 KZB 的注写规定，同样适用于平板式筏形基础上局部有剪力墙的情况。

4. 平板式筏形基础平板 BPB 的平面注写方式

（1）平板式筏形基础平板 BPB 的平面注写，分板底部与顶部贯通纵筋的集中标注与板底部附加非贯通纵筋的原位标注两部分内容。

基础平板 BPB 的平面注写与柱下板带 ZXB、跨中板带 KZB 的平面注写为不同的表达方式，但可以表达同样的内容。当整片板式筏形基础配筋比较规律时，宜采用 BPB 表达方式。

（2）平板式筏形基础平板 BPB 的集中标注，按表 2-16 注写编号，其他规定与梁板式筏形基础的 LPB 贯通纵筋的集中标注相同。

当某向底部贯通纵筋或顶部贯通纵筋的配置，在跨内有两种不同间距时，先注写跨内两端的第一种间距,并在前面加注纵筋根数(以表示其分布的范围);再注写跨中部的第二种间距(不需加注根数);两者用斜线"/"分隔。

> **举例说明**　X:B12⊈22@150/200;T10⊈20@150/200,表示基础平板 X 向底部配置⊈22的贯通纵筋,跨两端间距为 150 mm 各配 12 根,跨中间距为 200 mm;X 向顶部配置⊈20的贯通纵筋,跨两端间距为 150 mm 各配 10 根,跨中间距为 200 mm(纵向总长度略)。

(3)平板式筏形基础平板 BPB 的原位标注,主要表达横跨柱中心线下的底部附加非贯通纵筋。

①原位注写位置及内容。在配置相同的若干跨的第一跨,垂直于柱中线绘制一段中粗虚线,代表底部附加非贯通纵筋,在虚线上的注写内容与梁板式筏形基础施工图制图规则中在虚线上的标注内容相同。

当柱中心线下的底部附加非贯通纵筋(与柱中心线正交)沿柱中心线连续若干跨配置相同时,则在该连续跨的第一跨下原位注写,且将同规格配筋连续布置的跨数注在括号内;当有些跨配置不同时,则应分别原位注写。外伸部位的底部附加非贯通纵筋应单独注写(当与跨内某筋相同时仅注写钢筋编号)。

当底部附加非贯通纵筋横向布置在跨内有两种不同间距的底部贯通纵筋区域时,其间距应分别对应为两种,其注写形式应与贯通纵筋保持一致,即先注写跨内两端的第一种间距,并在前面加注纵筋根数;再注写跨中部的第二种间距(不需加注根数);两者用斜线"/"分隔。

②当某些柱中心线下的基础平板底部附加非贯通纵筋横向配置相同时(其底部、顶部的贯通纵筋可以不同),可仅在一条中心线下做原位注写,并在其他柱中心线上注明"该柱中心线下基础平板底部附加非贯通纵筋同××柱中心线"。

(4)平板式筏形基础平板 BPB 的平面注写规定,同样适用于平板式筏形基础上局部有剪力墙的情况。

5. 其他

平板式筏形基础应在图中注明的其他内容为:

(1)注明板厚。当整片平板式筏形基础有不同板厚时,应分别注明各板厚值及其各自的分布范围。

(2)当在基础平板周边沿侧面设置纵向构造钢筋时,应在图注中注明。

(3)应注明基础平板外伸部位的封边方式,当采用 U 形钢筋封边时,应注明其规格、直径及间距。

(4)当基础平板厚度大于 2 m 时,应注明设置在基础平板中部的水平构造钢筋网。

(5)当在基础平板外伸阳角部位设置放射筋时,应注明放射筋的强度等级、直径、根数及设置方式等。

(6)板的上、下部纵筋之间设置拉筋时,应注明拉筋的强度等级、直径、双向间距等。

(7)应注明混凝土垫层厚度与强度等级。

(8)当基础平板同一层面的纵筋交叉时,应注明何向纵筋在下,何向纵筋在上。

(9)设计需注明的其他内容。

五、桩基础平法施工图制图规则

1. 灌注桩平法施工图的表示方法

(1)灌注桩平法施工图是在灌注桩平面布置图上采用列表注写方式或平面注写方式进行表达。

(2)灌注桩平面布置图,可采用适当比例单独绘制,并标注其定位尺寸。

2. 列表注写方式

(1)列表注写方式,是在灌注桩平面布置图上,分别标注定位尺寸;在桩表中注写桩编号、桩尺寸、纵筋、螺旋箍筋、桩顶标高、单桩竖向承载力特征值。

(2)桩表注写内容。

①注写桩编号,桩编号由类型和序号组成,应符合表2-17的规定。

表 2-17 桩编号

类型	代号	序号
灌注桩	GZH	××
扩底灌注桩	GZH_X	××

②注写桩尺寸,包括桩径D×桩长L,当为扩底灌注桩时,还应在括号内注写扩底端尺寸$D_0/h_b/h_c$或$D_0/h_b/h_{c1}/h_{c2}$。其中D_0表示扩底端直径,h_b表示扩底端锅底形矢高,h_c表示扩底端高度,如图2-73所示。

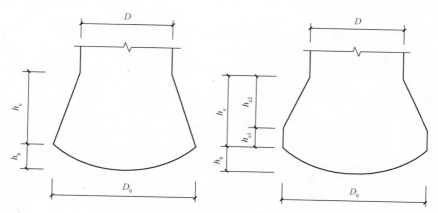

图 2-73 扩底灌注桩扩底端示意

③注写桩纵筋,包括桩周均布的纵筋根数、钢筋强度级别、从桩顶起算的纵筋配置长度。

a. 通长等截面配筋:注写全部纵筋,如××Φ××。

b. 部分长度配筋:注写桩纵筋,如××Φ××/$L1$,其中$L1$表示从桩顶起算的入桩长度。

c. 通长变截面配筋:注写桩纵筋,包括通长纵筋××⊈××;非通长纵筋××⊈××/*L1*,其中*L1*表示从桩顶起算的入桩长度。通长纵筋与非通长纵筋沿桩周间隔均匀布置。

15⊈20,15⊈18/6000,表示桩通长纵筋为15⊈20;桩非通长纵筋为15⊈18,从桩顶起算的入桩长度为6000 mm。实际桩上段纵筋为15⊈20+15⊈18,通长纵筋与非通长纵筋间隔均匀布置于桩周。

④以大写字母L打头,注写桩螺旋箍筋,包括钢筋强度级别、直径与间距。

a. 用斜线"/"区分桩顶箍筋加密区与桩身箍筋非加密区长度范围内箍筋的间距。箍筋加密区为桩顶以下5*D*(*D*为桩身直径),若与实际工程情况不同,需设计者在图中注明。

b. 当桩身位于液化土层范围内时,箍筋加密区长度应由设计者根据具体工程情况注明,或者箍筋全长加密。

L⊈8@100/200,表示箍筋强度等级为HRB400,直径为8 mm,加密区间距为100 mm,非加密区间距为200 mm,L表示螺旋箍筋。

L⊈8@100,表示沿桩身纵筋范围内箍筋均为HRB400级钢筋,直径为8 mm,间距为100 mm,L表示采用螺旋箍筋。

⑤注写桩顶标高。
⑥注写单桩竖向承载力特征值。

要点提示 🦴

设计时应注意:当考虑箍筋受力作用时,箍筋配置应符合《混凝土结构设计规范(2015年版)》(GB 50010—2010)的有关规定,并另行注明。当钢筋笼长度超过**4 m**时,应每隔**2 m**设一道直径**12 mm**焊接加劲箍;焊接加劲箍亦可由设计另行注明。桩顶进入承台高度*h*,桩径小于**800 mm**时取**50 mm**,桩径大于或等于**800 mm**时取**100 mm**。

(3)灌注桩列表注写的格式见表2-18灌注桩表。

表2-18　灌注桩

桩号	桩径 *D*×桩长 *L*/(mm×m)	通长等截面配筋;全部纵筋	箍筋	桩顶标高/m	单桩竖向承载力特征值/kN
GZH1	800×16.700	10⊈18	L⊈8@100/200	−3.400	2400

注:表中可根据实际情况增加栏目。例如:当采用扩底灌注桩时,增加扩底端尺寸。

3. 平面注写方式

平面注写方式的规则同列表注写方式,将表格中内容除单桩竖向承载力特征值以外集中标注在灌注桩上,如图 2-74 所示。

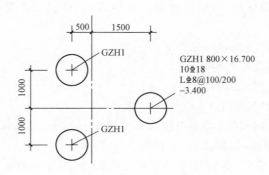

图 2-74 灌注桩平面注写

4. 桩基承台平法施工图的表示方法

(1)桩基承台平法施工图有平面注写与截面注写两种表达方式,设计者可根据具体工程情况选择一种,或将两种方式结合进行桩基承台施工图设计。

(2)当绘制桩基承台平面布置图时,应将承台下的桩位和承台所支承的柱、墙一起绘制。当设置基础联系梁时,可根据图面的疏密情况,将基础联系梁与基础平面布置图一起绘制,或将基础联系梁布置图单独绘制。

(3)当桩基承台的柱中心线或墙中心线与建筑定位轴线不重合时,应标注其定位尺寸;编号相同的桩基承台,可仅选择一个进行标注。

5. 桩基承台编号

桩基承台分为独立承台和承台梁,分别按表 2-19 和表 2-20 的规定编号。

表 2-19 独立承台编号

类型	独立承台截面形状	代号	序号	说明
独立承台	阶形	CT_J	××	单阶截面即为平板式独立承台
	坡形	CT_P	××	

注:杯口独立承台代号可为 BCT_J 和 BCT_P,设计注写方式可参照杯口独立基础,施工详图应由设计者提供。

表 2-20 承台梁编号

类型	代号	序号	跨数及有无外伸
承台梁	CTL	××	(××)端部无外伸
			(××A)一端有外伸
			(××B)两端有外伸

6. 独立承台的平面注写方式

(1)独立承台的平面注写方式,分为集中标注和原位标注两部分内容。

(2)独立承台的集中标注,是在承台平面上集中引注独立承台编号、截面竖向尺寸、配筋三项必注内容,以及承台板底面标高(与承台底面基准标高不同时)和必要的文字注解两项选注内容。具体规定如下:

①注写独立承台编号(必注内容),见表 2-17。

独立承台的截面形式通常有两种:

阶形截面,编号加下标"J",如 $CT_J\times\times$;

坡形截面,编号加下标"P",如 $CTp\times\times$。

②注写独立承台截面竖向尺寸(必注内容),即注写 $h_1/h_2/\cdots$,具体标注规定如下:

a. 当独立承台为阶形截面时,如图 2-75 和图 2-76 所示。

图 2-75 为两阶,当为多阶时,各阶尺寸自下而上用斜线"/"分隔顺写。当阶形截面独立承台为单阶时,截面竖向尺寸仅为一个,且为独立承台总厚度,如图 2-76 所示。

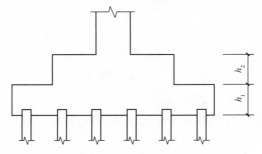

图 2-75 阶形截面独立承台竖向尺寸

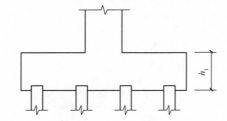

图 2-76 单阶截面独立承台竖向尺寸

b. 当独立承台为坡形截面时,截面竖向尺寸注写为 h_1/h_2,如图 2-77 所示。

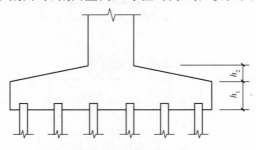

图 2-77 坡形截面独立承台竖向尺寸

③注写独立承台配筋(必注内容)。底部与顶部双向配筋应分别注写,顶部配筋仅用于双

柱或四柱等独立承台。当独立承台顶部无配筋时则不注顶部。注写规定如下：

a. 以 B 打头注写底部配筋，以 T 打头注写顶部配筋。

b. 矩形承台 X 向配筋以 X 打头，Y 向配筋以 Y 打头；当两向配筋相同时，则以 X&Y 打头。

c. 当为等边三桩承台时，以"Δ"打头，注写三角布置的各边受力钢筋（注明根数并在配筋值后注写"×3"），在斜线"/"后注写分布钢筋，不设分布钢筋时可不注写。

d. 当为等腰三桩承台时，以"Δ"打头注写等腰三角形底边的受力钢筋＋两对称斜边的受力钢筋（注明根数并在两对称配筋值后注写"×2"），在斜线"/"后注写分布钢筋，不设分布钢筋时可不注写。

e. 当为多边形（五边形或六边形）承台或异形独立承台，且采用 X 向和 Y 向正交配筋时，注写方式与矩形独立承台相同。

f. 两桩承台可按承台梁进行标注。

要点提示

设计和施工时应注意：三桩承台的底部受力钢筋应按三向板带均匀布置，且最里面的三根钢筋围成的三角形应在柱截面范围内。

④注写基础底面标高（选注内容）。当独立承台的底面标高与桩基承台底面基准标高不同时，应将独立承台底面标高注写在括号内。

⑤必要的文字注解（选注内容）。当独立承台的设计有特殊要求时，宜增加必要的文字注解。

（3）独立承台的原位标注，是在桩基承台平面布置图上标注独立承台的平面尺寸，相同编号的独立承台，可仅选择一个进行标注，其他仅注编号。注写规定如下：

①矩形独立承台：原位标注 x、y、x_c、y_c（或圆柱直径 d_c），x_i、y_i、a_i、b_i，$i=1,2,3\cdots$。其中，x、y 为独立承台两向边长，x_c、y_c 为柱截面尺寸，x_i、y_i 为阶宽或坡形平面尺寸，a_i、b_i 为桩的中心距及边距（a_i、b_i 根据具体情况可不注）。如图 2-78 所示。

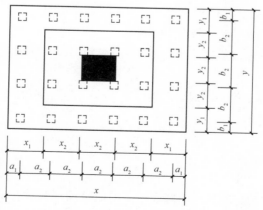

图 2-78　矩形独立承台平面原位标注

②三桩承台。结合 X、Y 双向定位,原位标注 x 或 y,x_c、y_c(或圆柱直径 d_c),x_i、y_i,$i=1$,2,3…,a。其中,x 或 y 为三桩独立承台平面垂直于底边的高度,x_c、y_c 为柱截面尺寸,x_i、y_i 为承台分尺寸和定位尺寸,a 为桩中心距切角边缘的距离。

等边三桩独立承台平面原位标注,如图 2-79 所示。

等腰三桩独立承台平面原位标注,如图 2-80 所示。

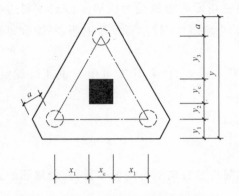 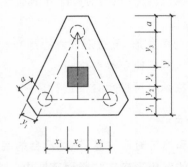

图 2-79　等边三桩独立承台平面原位标注　　　图 2-80　等腰三桩独立承台平面原位标注

③多边形独立承台。结合 X、Y 双向定位,原位标注 x 或 y,x_c、y_c(或圆柱直径 d_c),x_i、y_i,a_i,$i=1,2,3…$。具体设计时,可参照矩形独立承台或三桩独立承台的原位标注规定。

7. 承台梁的平面注写方式

(1)承台梁 CTL 的平面注写方式,分集中标注和原位标注两部分内容。

(2)承台梁的集中标注包括承台梁编号、截面尺寸、配筋三项必注内容,以及承台梁底面标高(与承台底面基准标高不同时)、必要的文字注解两项选注内容。具体规定如下:

①注写承台梁编号(必注内容),见表 2-20。

②注写承台梁截面尺寸(必注内容),即注写 $b×h$,表示梁截面宽度与高度。

③注写承台梁配筋(必注内容)。

a. 注写承台梁箍筋:

当具体设计仅采用一种箍筋间距时,注写钢筋级别、直径、间距与肢数(箍筋肢数写在括号内,下同)。

当具体设计采用两种箍筋间距时,用斜线"/"分隔不同箍筋的间距。此时,设计应指定其中一种箍筋间距的布置范围。

要点提示

施工时应注意:

在两向承台梁相交位置,应有一向截面较高的承台梁箍筋贯通设置;

当两向承台梁等高时,可任选一向承台梁的箍筋贯通设置。

b. 注写承台梁底部、顶部及侧面纵向钢筋:

以 B 打头,注写承台梁底部贯通纵筋;

以 T 打头,注写承台梁顶部贯通纵筋。

　　B:5 Φ 25;T:7 Φ 25,表示承台梁底部配置贯通纵筋 5 Φ 25,梁顶部配置贯通纵筋 7 Φ 25。

当梁底部或顶部贯通纵筋多于一排时,用"/"将各排纵筋自上而下分开。

以大写字母 G 打头注写承台梁侧面对称设置的纵向构造钢筋的总配筋值(当梁腹板净高 $h_w \geqslant 450$ mm 时,根据需要配置)。

　　G8 Φ 14,表示梁每个侧面配置纵向构造钢筋 4 Φ 14,共配置 8 Φ 14。

　　④注写承台梁底面标高(选注内容)。当承台梁底面标高与桩基承台底面基准标高不同时,将承台梁底面标高注写在括号内。

　　⑤必要的文字注解(选注内容)。当承台梁的设计有特殊要求时,宜增加必要的文字注解。

　　(3)承台梁的原位标注规定如下:

　　①原位标注承台梁的附加箍筋或(反扣)吊筋。当需要设置附加箍筋或(反扣)吊筋时,将附加箍筋或(反扣)吊筋直接画在平面图中的承台梁上,原位直接引注总配筋值(附加箍筋的肢数注在括号内)。当多数梁的附加箍筋或(反扣)吊筋相同时,可在桩基承台平法施工图上统一注明,少数与统一注明值不同时,再原位直接引注。

　　②原位注写修正内容。当在承台梁上集中标注的某项内容(如截面尺寸、箍筋、底部与顶部贯通纵筋或架立筋、梁侧面纵向构造钢筋、梁底面标高)不适用于某跨或某外伸部位时,将其修正内容原位标注在该跨或该外伸部位,施工时原位标注取值优先。

　　8. 桩基承台的截面注写方式

　　(1)桩基承台的截面注写方式,可分为截面标注和列表注写(结合截面示意图)两种。

　　采用截面注写方式,应在桩基平面布置图上对所有桩基承台进行编号,见表 2-19 和表 2-20。

　　(2)桩基承台的截面注写方式,可参照独立基础及条形基础的截面注写方式,进行设计施工图的表达。

第六节　楼梯的平法施工图制图规则

一、现浇混凝土板式楼梯平法施工图的表示方法

　　(1)现浇混凝土板式楼梯平法施工图有平面注写、剖面注写和列表注写三种表达方式,设计者可根据工程具体情况任选一种。

梯板表达方式及与楼梯相关的平台板、梯梁、梯柱的注写方式参见国家建筑标准设计图集16G101-2图集。

(2)楼梯平面布置图,采用适当比例集中绘制,需要时绘制其剖面图。

(3)为方便施工,在集中绘制的板式楼梯平法施工图中,宜注明各结构层的楼面标高、结构层高及相应的结构层号。

二、楼梯类型

(1)16G101-2图集中共包含12种类型的楼梯,见表2-21。

表 2-21 楼梯类型

梯板代号	适用范围		是否参与结构整体抗震计算
	抗震构造措施	适用结构	
AT	无	剪力墙、砌体结构	不参与
BT			
CT	无	剪力墙、砌体结构	不参与
DT			
ET	无	剪力墙、砌体结构	不参与
FT			
GT	无	剪力墙、砌体结构	不参与
ATa	有	框架结构、框剪结构中框架部分	不参与
ATb			不参与
ATc			参与
CTa	有	框架结构、框剪结构中框架部分	不参与
CTb			不参与

注:ATa、CTa 低端设滑动支座支承在梯梁上;ATb、CTb 低端设滑动支座支承在挑板上。

(2)楼梯注写:楼梯编号由梯板代号和序号组成,如 AT××、BT××、ATa××。

(3)AT～ET 型板式楼梯具备以下特征。

①AT～ET 型板式楼梯代号代表一段带上下支座的梯板。梯板的主体为踏步段,除踏步段之外,梯板可包括低端平板、高端平板及中位平板。

②AT～ET 各型梯板的截面形状为:

AT 型梯板全部由踏步段构成;

BT 型梯板由低端平板和踏步段构成;

CT 型梯板由踏步段和高端平板构成；

DT 型梯板由低端平板、踏步板和高端平板构成；

ET 型梯板由低端踏步段、中位平板和高端踏步段构成。

③AT～ET 型梯板的两端分别以(低端和高端)梯梁为支座。

④AT～ET 型梯板的型号，板厚，上、下部纵向钢筋，以及分布钢筋等内容，由设计者在平法施工图中注明。梯板上部纵向钢筋向跨内伸出的水平投影长度见相应的标准构造详图，设计不注，但设计者应予以校核；当标准构造详图规定的水平投影长度不满足具体工程要求时，应由设计者另行注明。

(4)FT～GT 型板式楼梯具备以下特征。

①FT～GT 每个代号代表两跑踏步段和连接它们的楼层平板及层间平板。

②FT～GT 型梯板的构成分两类。

第一类：FT 型，由层间平板、踏步段和楼层平板构成。

第二类：GT 型，由层间平板和踏步段构成。

③FT～GT 型梯板的支承方式如下。

a. FT 型：梯板一端的层间平板采用三边支承，另一端的楼层平板也采用三边支承。

b. GT 型：梯板一端的层间平板采用三边支承，另一端的梯板段采用单边支承。

以上各型梯板的支承方式见表 2-22。

表 2-22　FT～HT 型梯板支承方式

梯板类型	层间平板端	踏步段端(楼层处)	楼层平板端
FT	三边支承	—	三边支承
GT	三边支承	单边支承(梯梁上)	—

④FT～GT 型梯板的型号，板厚，上、下部纵向钢筋，以及分布钢筋等内容，由设计者在平法施工图中注明。FT～GT 型平台上部横向钢筋及其外伸长度，在平面图中原位标注。梯板上部纵向钢筋向跨内伸出的水平投影长度见相应的标准构造详图，设计不注，但设计者应予以校核；当标准构造详图规定的水平投影长度不满足具体工程要求时，应由设计者另行注明。

(5)ATa、ATb 型板式楼梯具备以下特征：

①ATa、ATb 型为带滑动支座的板式楼梯，梯板全部由踏步段构成，其支承方式为梯板高端均支承在梯梁上，ATa 型梯板低端带滑动支座支承在梯梁上，ATb 型梯板低端带滑动支座支承在梯梁的挑板上。

②滑动支座采用何种做法应由设计指定。滑动支座垫板可选用聚四氟乙烯板、钢板和厚度大于等于 0.5 mm 的塑料片，也可选用其他能保证有效滑动的材料，其连接方式由设计者另行处理。

③ATa、ATb 型梯板采用双层双向配筋。

(6)ATc 型板式楼梯具备以下特征:

①梯板全部由踏步段构成,其支承方式为梯板两端均支承在梯梁上。

②楼梯休息平台与主体结构可连接,也可脱开。

③梯梯板厚度应按计算确定,且不宜小于 140 mm;梯板采用双层配筋。

④梯板两侧设置边缘构件(暗梁),边缘构件的宽度取 1.5 倍板厚;边缘构件纵筋数量,当抗震等级为一、二级时不少于 6 根,当抗震等级为三、四级时不少于 4 根;纵筋直径不小于 12 mm 且不小于梯板纵向受力钢筋的直径;箍筋直径不小于 $\phi 6$ mm,距间不大于 200 mm。

⑤ATc 型楼梯作为斜撑构件,钢筋均采用符合抗震性能要求的热轧钢筋,钢筋的抗拉强度实测值与屈服强度实测值的比值不应小于 1.25;钢筋的屈服强度实测值与屈服强度标准值的比值不应大于 1.3,且钢筋在最大拉力下的总伸长率实测值不应小于 9%。

(7)CTa、CTb 型板式楼梯具备以下特征:

①CTa、CTb 型为带滑动支座的板式楼梯,梯板由踏步段和高端平板构成,其支撑方式为梯板高端均支撑在梯梁上。CTa 型梯板低端带滑动支座支撑在梯梁上,CTb 型梯板低端带滑动支座支撑在挑板上。

②滑动支座做法采用何种做法应由设计指定。滑动支座垫板可选用聚四氟乙烯板、钢板和厚度大于等于 0.5 mm 的塑料片,也可选用其他能保证有效滑动的材料,其连接方式由设计者另行处理。

③CTa、CTb 型梯板采用双层双向配筋。

(8)梯梁支承在梯柱上时,其构造应符合 16G101-1 图集中框架梁 KL 的构造做法,箍筋宜全长加密。

(9)建筑专业地面、楼层平台板和层间平台板的建筑面层厚度经常与楼梯踏步面层厚度不同,为使建筑面层做好后的楼梯踏步等高,各型号楼梯踏步板的第一级踏步高度和最后一级踏步高度需要相应增加或减少,见楼梯剖面图,若没有楼梯剖面图,取值方法按 16G101-2 图集中采用。

三、平面注写方式

(1)平面注写方式,是在楼梯平面布置图上注写截面尺寸和配筋具体数值表达楼梯施工图的方式。

平面注写方式包括集中标注和外围标注。

(2)楼梯集中标注的内容有五项,具体规定如下。

①梯板类型代号与序号,如 AT××。

②梯板厚度,注写为 $h=$×××。当为带平板的梯板且梯段板厚度和平板厚度不同时,可在梯段板厚度后面括号内以字母 P 打头注写平板厚度。

$h=130(P150)$,130 表示梯段板厚度,150 表示梯板平板段的厚度。

③踏步段总高度和踏步级数,之间以"/"分隔。

④梯板支座上部纵筋和下部纵筋,之间以";"分隔。

⑤梯板分布筋,以 F 打头注写分布钢筋具体值,该项也可在图中统一说明。

平面图中梯板类型及配筋的完整标注示例如下(AT 型):

AT1,$h=120$ 梯板类型及编号,梯板板厚

1800/12 踏步段总高度/踏步级数

⻌10@200;⻌12@150   上部纵筋;下部纵筋

F⻌8@250   梯板分布筋(可统一说明)

⑥对于 ATc 型楼梯尚应注明梯板两侧边缘构件纵向钢筋及箍筋。

(3)楼梯外围标注的内容包括楼梯间的平面尺寸、楼层结构标高、层间结构标高、楼梯的上下方向、梯板的平面几何尺寸、平台板配筋、梯梁及梯柱配筋等。

(4)各类型梯板的平面注写要求见第三章第六节中"AT~GT、ATa、ATb、ATc、CTa、CTb 型楼梯平面注写方式与适用条件"。

四、楼梯平法施工图剖面注写方式

(1)剖面注写方式需在楼梯平法施工图中绘制楼梯平面布置图和楼梯剖面图,注写方式分平面注写、剖面注写两部分。

(2)楼梯平面布置图注写内容,包括楼梯间的平面尺寸、楼层结构标高、层间结构标高、楼梯的上下方向、梯板的平面几何尺寸、梯板类型及编号、平台板配筋、梯梁及梯柱配筋等。

(3)楼梯剖面图注写内容,包括梯板集中标注、梯梁梯柱编号、梯板水平及竖向尺寸、楼层结构标高、层间结构标高等。

(4)梯板集中标注的内容有四项,具体规定如下:

①梯板类型及编号,如 AT××。

②梯板厚度,注写为 $h=×××$。当梯板由踏步段和平板构成,且踏步段梯板厚度和平板厚度不同时,可在梯板厚度后面括号内以字母 P 打头注写平板厚度。

③梯板配筋。注明梯板上部纵筋和梯板下部纵筋,用分号";"将上部与下部纵筋的配筋值分隔开来。

④梯板分布筋,以 F 打头注写分布钢筋具体值,该项也可在图中统一说明。

> **举例说明**
>
> 剖面图中梯板配筋完整的标注如下:
>
> AT1，h=120　梯板类型及编号，梯板板厚
>
> ⏀10@200；⏀12@150　上部纵筋，下部纵筋
>
> FΦ8@250　梯板分布筋(可统一说明)

⑤对于 ATc 型楼梯尚应注明梯板两侧边缘构件纵向钢筋及箍筋。

五、楼梯平法施工图列表注写方式

(1)列表注写方式，是指用列表注写梯板截面尺寸和配筋具体数值的方式来表达楼梯施工图的内容。

(2)列表注写方式的具体要求同剖面注写方式。梯板列表格式见表 2-23。

表 2-23　梯板几何尺寸和配筋

梯板编号	踏步段总高度/踏步级数	板厚 h	上部纵向钢筋	下部纵向钢筋	分布筋

六、其他

(1)楼层平台梁板配筋可绘制在楼梯平面图中，也可在各层梁板配筋图中绘制；层间平台梁板配筋在楼梯平面图中绘制。

(2)楼层平台板可与该层的现浇楼板进行整体设计。

第三章　平法识图方法

第一节　柱的识图方法

一、框架柱平法施工图识图步骤

（1）查看图名、比例。

（2）校核轴线编号及其间距尺寸，要求必须与建筑图、基础平面图保持一致。

（3）与建筑图配合，明确各柱的编号、数量及位置。

（4）阅读结构设计总说明或有关说明，明确柱的混凝土强度等级。

（5）根据各柱的编号，查阅图中截面标注或柱表，明确柱的标高、截面尺寸和配筋情况；再根据抗震等级、设计要求和标准构造详图确定纵向钢筋和箍筋的构造要求，如纵向钢筋连接的方式、位置和搭接长度、弯折要求、柱头锚固要求、箍筋加密的范围。

二、框架柱标准构造识图

1. KZ 纵向钢筋连接构造

KZ 纵向钢筋连接构造如图 3-1 所示。

（1）柱相邻纵向钢筋连接接头相互错开。在同一截面内钢筋接头面积百分率不宜大于 50%。

（2）柱纵筋绑扎搭接长度及绑扎搭接、机械连接、焊接连接要求如下。

①同一连接区段内纵向受拉钢筋绑扎搭接接头如图 3-2 所示。

②同一连接区段内纵向受拉钢筋机械连接、焊接接头如图 3-3 所示。

③凡接头中点位于连接区段长度内，连接接头均属同一连接区段。

④同一连接区段内纵向钢筋搭接接头面积百分率，为该区段内有连接接头的纵向受力钢筋截面面积与全部纵向钢筋截面面积的比值（当直径相同时，钢筋连接接头面积百分率为 50%）。

⑤当受拉钢筋直径大于 25 mm 及受压钢筋直径大于 28 mm 时，不宜采用绑扎搭接。

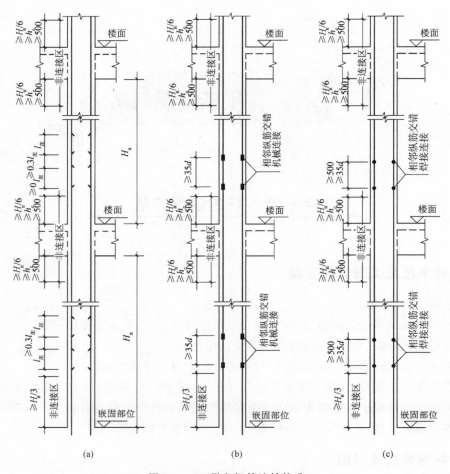

图 3-1　KZ 纵向钢筋连接构造

（a）绑扎搭接；（b）机械连接；（c）焊接

h_c—柱截面长边尺寸（圆柱为截面直径）；H_n—为所在楼层的柱净高

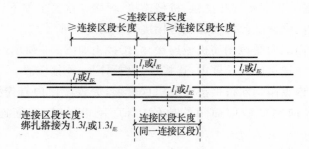

图 3-2　同一连接区段内纵向受拉钢筋绑扎搭接接头

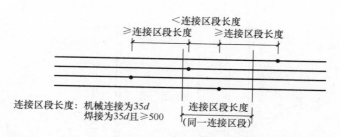

图 3-3　同一连接区段内纵向受拉钢筋机械连接、焊接接头

注：d 为相互连接两根钢筋中较小直径；当同一构件内不同连
接钢筋计算连接区段长度不同时取大值。

⑥轴心受拉及小偏心受拉构件中，纵向受力钢筋不应采用绑扎搭接。

⑦纵向受力钢筋连接位置宜避开梁端、柱端箍筋加密区。如必须在此连接，则应采用机械连接或焊接。

⑧机械连接和焊接接头的类型及质量应符合国家现行有关标准的规定。

（3）轴心受拉及小偏心受拉柱内的纵向钢筋不得采用绑扎搭接头，设计者应在柱平法结构施工图中注明其平面位置及层数。

（4）上柱钢筋比下柱多时如图 3-4 所示，上柱钢筋直径比下柱钢筋直径大时如图 3-5 所示，下柱钢筋比上柱多时如图 3-6 所示，下柱钢筋直径比上柱钢筋直径大时如图 3-7 所示。

注：图 3-4～图 3-7 为绑搭接，也可采用机械连接和焊接连接。

图 3-4　上柱钢筋
比下柱多

图 3-5　上柱钢筋直径比
下柱钢筋直径大

图 3-6　下柱钢筋
比上柱多

图 3-7　下柱钢筋直径比
上柱钢筋直径大

2. 地下室 KZ 纵向钢筋连接构造

地下室 KZ 纵向钢筋连接构造如图 3-8 所示。当某层连接区的高度小于纵筋分两批搭接所需要的高度时，应改用机械连接或焊接连接。

图 3-8 中钢筋连接构造及图 3-9 中柱箍筋加密区范围用于嵌固部位不在基础底面情况下地下室部分（基础底面至嵌固部位）的柱。

地下一层增加钢筋在嵌固部位的锚固构造如图 3-10 所示，仅用于按《建筑抗震设计规范》（GB 50011—2010）第 6.1.14 条在地下一层增加的 10% 钢筋，由设计指定，未指定时表示地下一层比上层柱多出的钢筋。

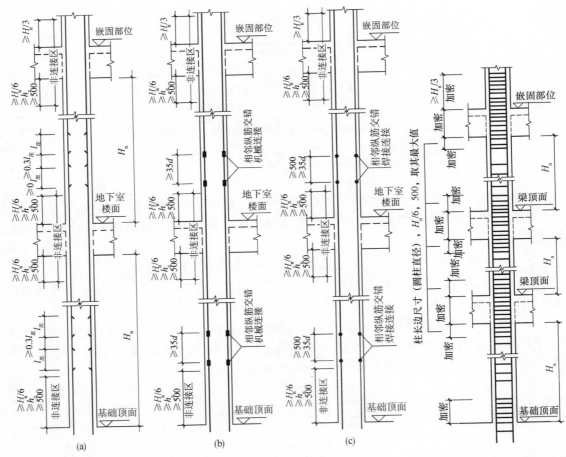

图 3-8 地下室 KZ 纵向钢筋连接构造

（a）绑扎搭接；（b）机械连接；（c）焊接

h_c—柱截面长边尺寸（圆柱为截面直径）；H_n—所在楼层的柱净高

图 3-9 箍筋加密区范围

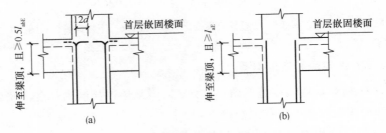

图 3-10 地下一层增加钢筋在嵌固部位的锚固构造

（a）弯锚；（b）直锚

3. KZ 边柱和角柱柱顶纵向钢筋构造

KZ 边柱和角柱柱顶纵向钢筋构造如图 3-11 所示。

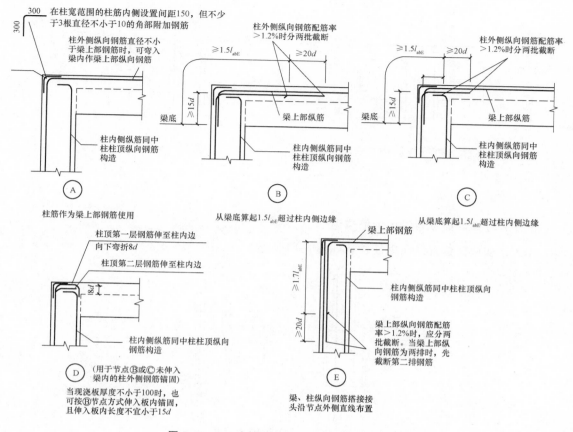

图 3-11　KZ 边柱和角柱柱顶纵向钢筋构造

（1）节点Ⓐ、Ⓑ、Ⓒ、Ⓓ应配合使用，节点Ⓓ不应单独使用（仅用于未伸入梁内的柱外侧纵筋锚固），伸入梁内的柱外侧纵筋不宜少于柱外侧全部纵筋面积的 65%。可选择Ⓑ＋Ⓓ或Ⓒ＋Ⓓ或Ⓐ＋Ⓑ＋Ⓓ或点Ⓐ＋Ⓒ＋Ⓓ的做法。

（2）节点Ⓔ用于梁、柱纵向钢筋接头沿节点柱顶外侧直线布置的情况，可与节点Ⓐ组合使用。

4. KZ 中柱柱顶纵向钢筋构造

KZ 中柱柱顶纵向钢筋构造如图 3-12 所示，中柱柱头纵向钢筋构造分四种构造做法，施工人员应根据各种做法要求的条件正确选用。

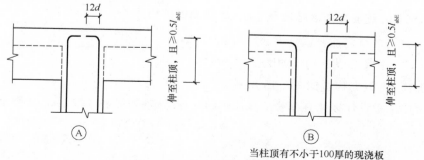

图 3-12　中柱柱顶纵向钢筋构造

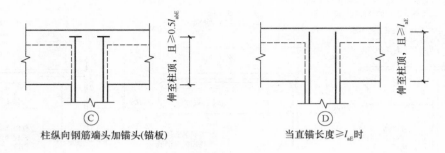

续图 3-12

5. KZ 柱变截面位置纵向钢筋构造

KZ 柱变截面位置纵向钢筋构造如图 3-13 所示。

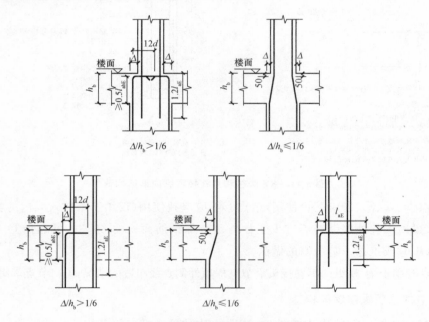

图 3-13　KZ 柱变截面位置纵向钢筋构造

6. KZ、QZ、LZ 箍筋加密区范围及 QZ、LZ 纵向钢筋构造

（1）KZ、QZ、LZ 箍筋加密区范围如图 3-14 所示。

（2）剪力墙上柱 QZ 纵筋构造如图 3-15 所示。

（3）梁上柱 LZ 纵筋构造如图 3-16 所示。

（4）除具体工程设计标注有箍筋全高加密的柱外，柱箍筋加密区按图 3-14 所示。

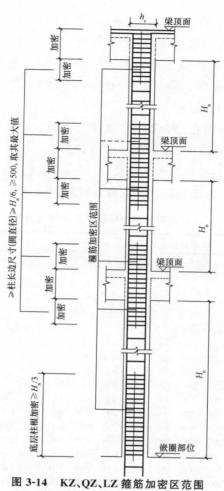

图 3-14　KZ、QZ、LZ 箍筋加密区范围

QZ 嵌固部位为墙顶面，LZ 嵌固部位为梁顶面

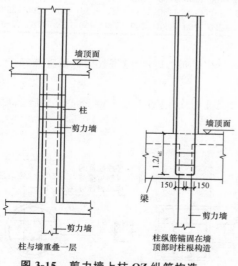

图 3-15　剪力墙上柱 QZ 纵筋构造

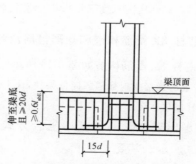

图 3-16　梁上柱 LZ 纵筋构造

　(5)当柱在某楼层各向均无梁连接时,计算箍筋加密范围采用的 H_n 按该跃层柱的总净高取用,其余情况同普通柱。

　(6)墙上起柱,在墙顶面标高以下锚固范围内的柱箍筋按上柱非加密区箍筋要求配置。梁上起柱,在梁内设置间距不大于500,且至少两道柱箍筋。

　(7)墙上起柱(柱纵筋锚固在墙顶部时)和梁上起柱时,墙体和梁的平面外方向应设梁,以平衡柱脚在该方向的弯矩;当柱宽度大于梁宽时,梁应设水平加腋。

　(8)为便于施工时确定柱箍筋加密区的高度,可按表3-1查用。

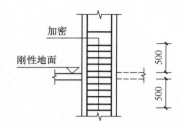

图 3-17　底层刚性地面
上下各加密 500 mm

表 3-1　抗震框架柱和小墙肢箍筋加密区高度选用表　　　　单位:mm

柱净高 H_n	柱截面长边尺寸 h_c 或圆柱直径 D																		
	400	450	500	550	600	650	700	750	800	850	900	950	1000	1050	1100	1150	1200	1250	1300
1500																			
1800	500																		
2100	500	500	500																
2400	500	500	500	550															
2700	500	500	500	550	600	650													
3000	500	500	500	550	600	650	700				箍筋全高加密								
3300	550	550	550	550	600	650	700	750	800										
3600	600	600	600	600	600	650	700	750	800	850									
3900	650	650	650	650	650	650	700	750	800	850	900	950							
4200	700	700	700	700	700	700	700	750	800	850	900	950	1000						
4500	750	750	750	750	750	750	750	750	800	850	900	950	1000	1050	1100				
4800	800	800	800	800	800	800	800	800	800	850	900	950	1000	1050	1100	1150			
5100	850	850	850	850	850	850	850	850	850	850	900	950	1000	1050	1100	1150	1200	1250	
5400	900	900	900	900	900	900	900	900	900	900	900	950	1000	1050	1100	1150	1200	1250	1300
5700	950	950	950	950	950	950	950	950	950	950	950	950	1000	1050	1100	1150	1200	1250	1300
6000	1000	1000	1000	1000	1000	1000	1000	1000	1000	1000	1000	1000	1000	1050	1100	1150	1200	1250	1300
6300	1050	1050	1050	1050	1050	1050	1050	1050	1050	1050	1050	1050	1050	1050	1100	1150	1200	1250	1300
6600	1100	1100	1100	1100	1100	1100	1100	1100	1100	1100	1100	1100	1100	1100	1100	1150	1200	1250	1300
6900	1150	1150	1150	1150	1150	1150	1150	1150	1150	1150	1150	1150	1150	1150	1150	1150	1200	1250	1300
7200	1200	1200	1200	1200	1200	1200	1200	1200	1200	1200	1200	1200	1200	1200	1200	1200	1200	1250	1300

　注:1. 表内数值未包括框架嵌固部位柱根部箍筋加密区范围。

　　2. 柱净高(包括因嵌砌填充墙等形成的柱净高)与柱截面长边尺寸(圆柱为截面直径)的比值 $H_n/h_c \leqslant 4$ 时,箍筋沿柱全高加密。

　　3. 小墙肢即墙肢长度不大于墙厚4倍的剪力墙。矩形小墙肢的厚度不大于 300 mm 时,箍筋全高加密。

7. 芯柱 XZ 配筋构造和矩形箍筋复合方式

　(1)芯柱 XZ 配筋构造如图 3-18 所示。

　注:纵筋的连接及根部锚固同框架柱,往上直通至芯柱柱顶标高。

　(2)矩形复合箍筋的基本复合方式如图 3-19 所示。其要求如下:

　①沿复合箍周边,箍筋局部重叠不

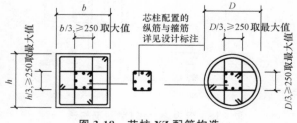

图 3-18　芯柱 XZ 配筋构造

宜多于两层。以复合箍筋最外围的封闭箍筋为基准,柱内的横向箍筋紧贴其设置在下部(或在上),柱内纵向箍筋紧贴其设置在上部(或在下部)。

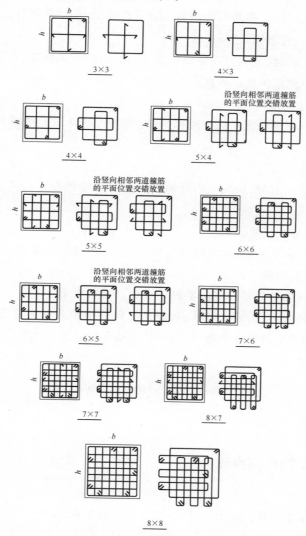

图 3-19　非焊接矩形箍筋复合方式

②若在同一组内复合箍筋各肢位置不能满足对称性要求时,沿柱竖向相邻两组箍筋应交错放置。

③矩形箍筋复合方式同样适用于芯柱。

要点提示

当柱截面短边尺寸大于 **400 mm**,且各边纵向钢筋多于 **3** 根时,或当截面短边尺寸不大于 **400 mm**,但各边纵向钢筋多于 **4** 根时,应设置复合箍筋。

设置复合箍筋要遵循下列原则:

(1)大箍套小箍。

矩形柱的箍筋,都是采用"大箍"里面套若干"小箍"的方式。如果是偶数肢数,用几个两肢"小箍"组合;如果是奇数肢数,则用几个两肢"小箍"再加上一个"单肢"组合。

(2)内箍或拉筋的设置要满足"隔一拉一"。

设置内箍的肢或拉筋时,要满足对柱纵筋至少"隔一拉一"的要求,即不允许存在两根相邻的柱纵筋同时没有钩住箍筋的肢的现象。

(3)"对称性"原则。

柱 b 边上箍筋的肢都应该在 b 边上对称分布。同时,柱 h 边上箍筋的肢都应该在 h 边上对称分布。

(4)"内箍水平段最短"原则。

在考虑内箍的布置方案时,应该使内箍的水平段尽可能的最短。其目的是为了使内箍与外箍重合的长度为最短。

(5)内箍尽量做成标准格式。

当柱复合箍筋存在多个内箍时,只要条件许可,这些内箍都尽量做成标准的格式。内箍尽量做成"等宽度"的形式,以便于施工。

(6)施工时,纵横方向的内箍(小箍)要贴近大箍(外箍)放置。

柱复合箍筋在绑扎时,以大箍为基准;或者是纵向的小箍放在大箍上面,横向的小箍放在大箍下面,或者是纵向的小箍放在大箍下面,横向的小箍放在大箍上面。

第二节　剪力墙的识图方法

一、剪力墙平法施工图识图步骤

(1)查看图名、比例。

(2)首先校核轴线编号及其间距尺寸,要求必须与建筑图、基础平面图保持一致。

(3)与建筑图配合,明确各段剪力墙的暗柱和端柱的编号、数量及位置,墙身的编号和长度,洞口的定位尺寸。

(4)阅读结构设计总说明或有关说明,明确剪力墙的混凝土强度等级。

(5)所有洞口的上方必须设置连梁,且连梁的编号应与剪力墙洞口编号对应。根据连梁的编号,查阅剪力墙梁表或图中标注,明确连梁的截面尺寸、标高和配筋情况。再根据抗震等级、设计要求和标注构造详图确定纵向钢筋和箍筋的构造要求,如纵向钢筋深入墙面的锚固长度、箍筋的位置要求。

(6)根据各段剪力墙端柱、暗柱和小墙肢的编号,查阅剪力墙柱表或图中截面标注等,明确端柱、暗柱和小墙肢的截面尺寸、标高和配筋情况。再根据抗震等级、设计要求和标准构造详图确定纵向钢筋的箍筋构造要求,如箍筋加密区的范围、纵向钢筋的连接方式、位置和搭接长度、弯折要求、柱头锚固要求。

(7)根据各段剪力墙身的编号,查阅剪力墙身表或图中标注,明确剪力墙身的厚度、标高和配筋情况。再根据抗震等级、设计要求和标准构造详图,确定水平分布筋、竖向分布筋和拉筋的构造要求,如水平钢筋的锚固和搭接长度、弯折要求,竖向钢筋连接的方式、位置和搭接长度、弯折的锚固要求。

需要特别说明的是,不同楼层的剪力墙混凝土等级由下向上会有变化,同一楼层,墙和梁板的混凝土强度等级可能也有所不同,应格外注意。

二、剪力墙标准构造识图

1. 剪力墙墙身水平钢筋构造

(1)端部无暗柱时,剪力墙水平分布钢筋端部做法如图3-20所示。

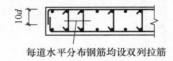

每道水平分布钢筋均设双列拉筋

图3-20　端部无暗柱时剪力墙水平分布钢筋端部做法

(2)端部有暗柱时,剪力墙水平分布钢筋端部做法如图3-21所示。

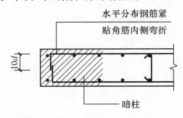

水平分布钢筋紧
贴角筋内侧弯折

暗柱

图3-21　端部有暗柱时剪力墙水平分布钢筋端部做法

(3)斜交转角墙如图3-22所示。转角墙如图3-23所示,其中图3-23(a)为外侧水平分布钢筋连续通过转弯,图3-23(b)为外侧水平分布钢筋在转角处搭接。

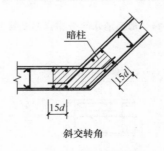

斜交转角

图3-22　斜交转角墙

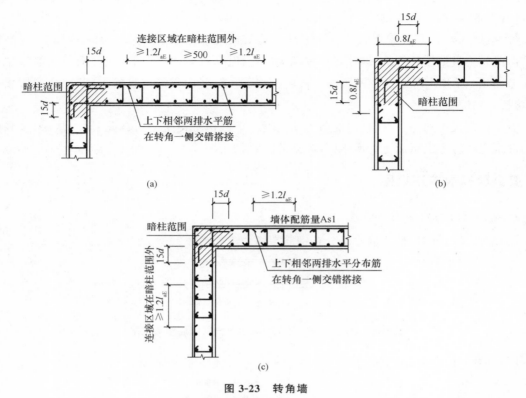

图 3-23 转角墙

（a）转角墙（一）；（b）转角墙（二）；（c）转角墙（三）

（4）剪力墙水平分布钢筋交错搭接，沿高度每隔一根错开搭接，如图 3-24 所示。剪力墙水平配筋如图 3-25 所示。剪力墙钢筋配置若多于两排，中间排水平钢筋端部构造同内侧钢筋。

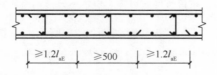

图 3-24 剪力墙水平分布钢筋交错搭接

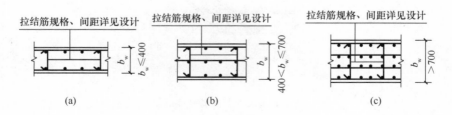

图 3-25 剪力墙水平配筋

（a）剪力墙双排配筋；（b）剪力墙三排配筋；（c）剪力墙四排配筋

（5）翼墙如图 3-26 所示，斜交翼墙如图 3-27 所示。

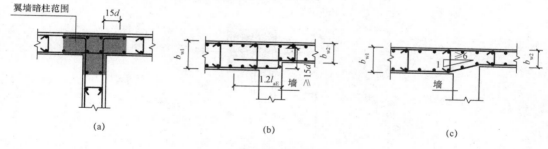

图 3-26　翼墙

(a)翼墙(一)；(b)翼墙(二)；翼墙(三)

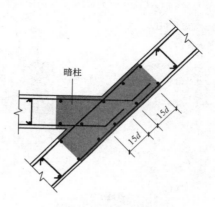

图 3-27　斜交翼墙

（6）端柱转角墙如图 3-28 所示，端柱翼墙如图 3-29 所示，端柱端部墙如图 3-30 所示。当墙体水平钢筋伸入端柱的直锚长度不小于 $l_{aE}(l_a)$ 时，可不必上下弯折，但必须伸至端柱对边竖向钢筋内侧位置。其他情况，墙体水平钢筋必须伸入端柱对边竖向钢筋内侧位置，然后弯折。

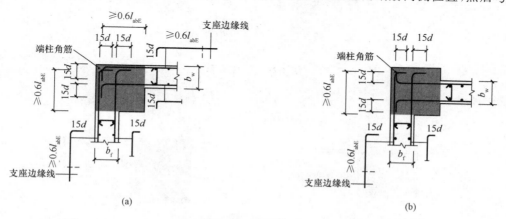

图 3-28　端柱转角墙

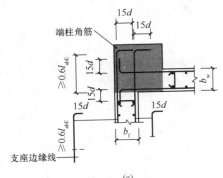

(c)

续图 3-28

(a)端柱转角墙(一);(b)端柱转角墙(二);(c)端柱转角墙(三)

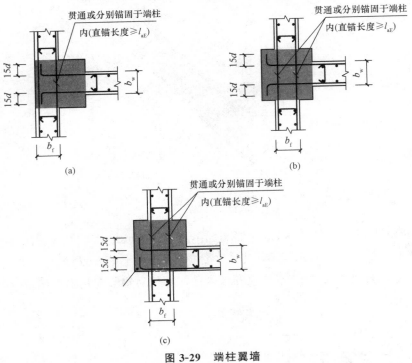

图 3-29　端柱翼墙

(a)端柱翼墙(一);(b)端柱翼墙(二);(c)端柱翼墙(三)

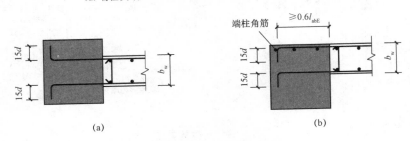

图 3-30　端柱端部墙

(a)端柱端部墙(一);(b)端柱端部墙(二)

2. 剪力墙竖向钢筋构造

(1)剪力墙竖向分布钢筋连接构造如图 3-31 所示。

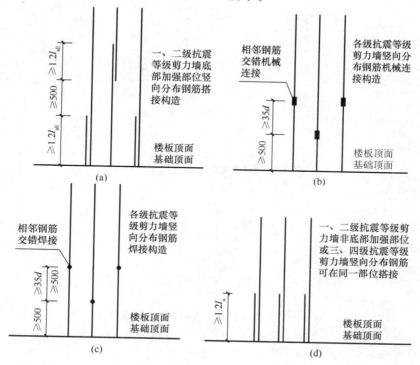

图 3-31　剪力墙竖向分布钢筋连接构造

(a)一、二级抗震墙底部加强部位竖向钢筋搭接构造;(b)机械连接;(c)焊接;(d)同一部位搭接

(2)剪力墙竖向配筋如图 3-32 所示。

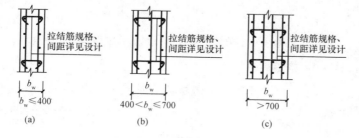

图 3-32　剪力墙身竖向配筋

(a)剪力墙双排配筋;(b)剪力墙三排配筋;(c)剪力墙四排配筋

(3)剪力墙竖向钢筋顶部构造如图 3-33 所示。

(4)剪力墙竖向分布钢筋锚入连梁构造如图 3-34 所示。

(5)剪力墙变截面处竖向分布钢筋构造如图 3-35 所示。

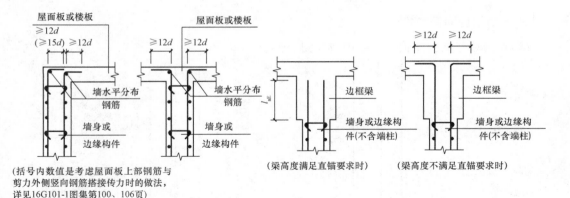

（括号内数值是考虑屋面板上部钢筋与
剪力墙外侧竖向钢筋搭接传力时的做法，
详见16G101-1图集第100、106页）

图 3-33　剪力墙竖向钢筋顶部构造

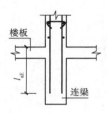

图 3-34　剪力墙竖向分布钢筋锚入连梁构造

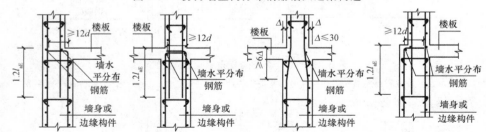

图 3-35　剪力墙变截面处竖向钢筋构造

3. 约束边缘构件 YBZ 构造

（1）约束边缘暗柱如图 3-36 所示，约束边缘端柱如图 3-37 所示。

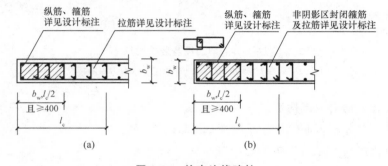

图 3-36　约束边缘暗柱

（a）非阴影区设置拉筋；（b）非阴影区外圈设置封闭箍筋

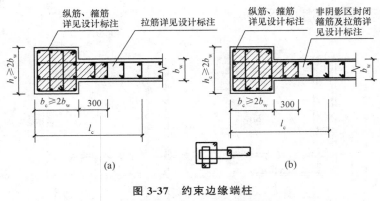

图 3-37　约束边缘端柱

（a）非阴影区设置拉筋；（b）非阴影区外圈设置封闭箍筋

要点提示

暗柱的钢筋设置包括：暗柱的纵筋、箍筋和拉筋。

端柱的钢筋设置包括：端柱的纵筋、箍筋和拉筋。在框架-剪力墙结构中，剪墙的端柱经常担当框架结构中的框架柱的作用，这时候端柱的钢筋构造应该遵照框架柱钢筋构造。

暗柱和端柱在 **16G101－1** 图集中统称为"边缘构件"，并且把它们划分为约束边缘构件、构造边缘构件两大类。

（2）约束边缘翼墙如图 3-38 所示。

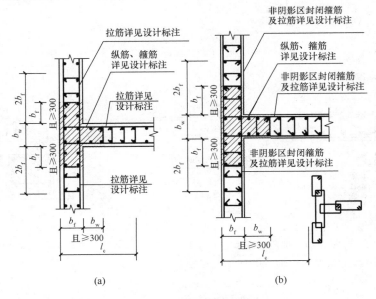

图 3-38　约束边缘翼墙

（a）非阴影区设置拉筋；（b）非阴影区外圈设置封闭箍筋

(3)约束边缘转角墙如图 3-39 所示。

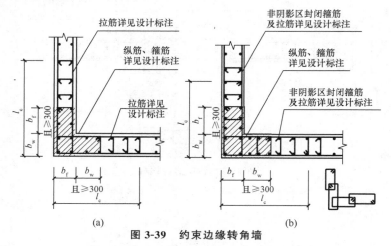

图 3-39 约束边缘转角墙

(a)非阴影区设置拉筋；(b)非阴影区外圈设置封闭箍筋

4. 构造边缘构件 GBZ、扶壁柱 FBZ、非边缘暗柱 AZ 构造

(1)构造边缘暗柱如图 3-40 所示，构造边缘端柱如图 3-41 所示，构造边缘翼墙如图 3-42 所示，构造边缘转角墙如图 3-43 所示。

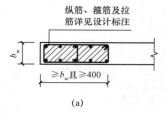

(a)

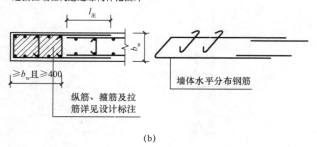

(b)

图 3-40 构造边缘暗柱

(a)构造边缘暗柱(一)；(b)构造边缘暗柱(二)

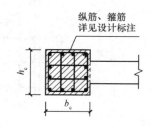

图 3-41 构造边缘端柱

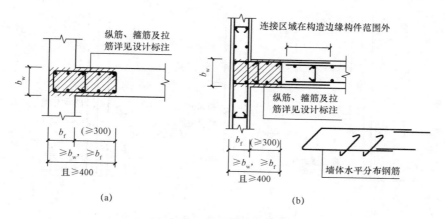

图 3-42　构造边缘翼墙

（a）构造边缘翼墙（一）；（b）构造边缘翼墙（二）

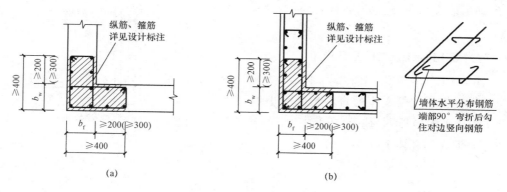

图 3-43　构造边缘转角墙

（a）构造边缘转角墙（一）；（b）构造边缘转角墙（二）

（2）扶壁柱 FBZ 如图 3-44 所示，非边缘暗柱 AZ 如图 3-45 所示。

图 3-44　扶壁柱 FBZ　　　　　**图 3-45　非边缘暗柱 AZ**

5. 剪力墙边缘构件纵向钢筋连接构造和剪力墙上起约束边缘构件纵筋构造

（1）剪力墙边缘构件纵向钢筋连接构造如图 3-46 所示，适用于约束边缘构件阴影部分和构造边缘构件的纵向钢筋。

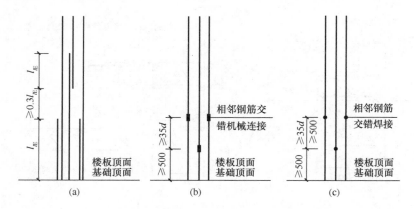

图 3-46　剪力墙边缘构件纵向钢筋连接构造

（a）绑扎搭接；（b）机械连接；（c）焊接

（2）剪力墙上起约束边缘构件纵筋构造如图 3-47 所示。

6. 剪力墙 LL、AL、BKL 配筋构造

（1）连梁 LL 配筋构造如图 3-48 所示。当端部洞口连梁的纵向钢筋在端支座的直锚长度不小于 l_{aE} 且不小于 600 mm 时，可不必往上（下）弯折。洞口范围内的连梁箍筋详见具体工程设计。

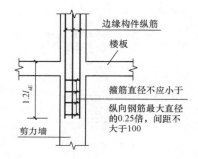

图 3-47　剪力墙上起约束边缘构件纵筋构造

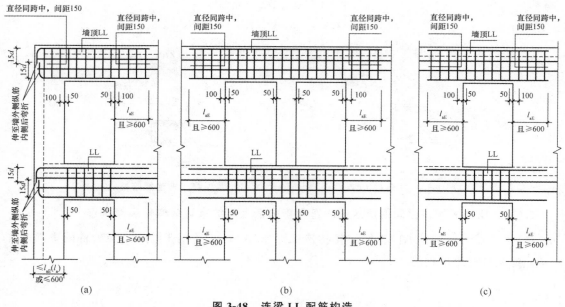

图 3-48　连梁 LL 配筋构造

（a）洞口连梁（端部墙肢较短）；（b）双洞口连梁（双跨）；（c）单洞口连梁（单跨）

（2）连梁、暗梁和边框梁侧面纵筋和拉筋构造如图 3-49 所示。侧面纵筋详见具体工程设计。拉筋直径：梁宽小于 350 mm 时，为 6 mm；梁宽大于 350 mm 时，为 8 mm。拉筋间距为 2 倍箍筋间距，竖向沿侧面水平筋隔一拉一。

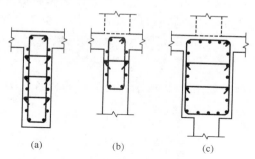

图 3-49　连梁、暗梁和边框梁侧面纵筋和拉筋构造

(a)连梁(LL)；(b)暗梁(AL)；(c)边框梁(BKL)

7. 剪力墙 BKL 或 AL 与 LL 重叠时配筋构造

剪力墙 BKL 或 AL 与 LL 重叠时配筋构造如图 3-50 所示。

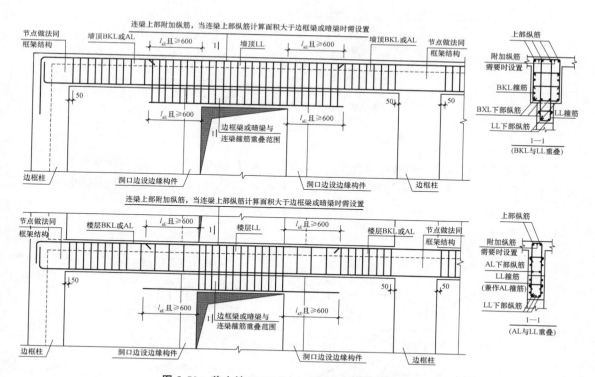

图 3-50　剪力墙 BKL 或 AL 与 LL 重叠时配筋构造

8. 连梁交叉斜筋配筋 LL(JX)、连梁集中对角斜筋配筋 LL（DX）、连梁对角暗撑配筋 LL（JC）构造

(1)当洞口连梁截面宽度不小于 250 mm 时，可采用交叉斜筋配筋；当连梁截面宽度不小于 400 mm 时，可采用集中对角斜筋配筋或对角暗撑配筋。交叉斜筋配筋连梁、对角暗撑配筋连梁的水平钢筋及箍筋形成的钢筋网之间应采用拉筋拉结，拉筋直径不宜小于 6 mm，间距不宜大于 400 mm。

(2)连梁交叉斜筋配筋构造如图 3-51 所示。交叉斜筋配筋连梁的对角斜筋在梁端部位应设置拉筋，具体值见设计标注。

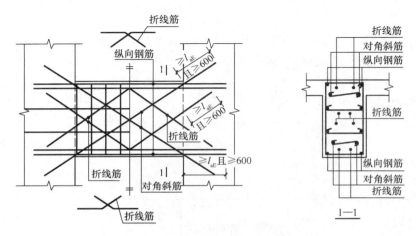

图 3-51　连梁交叉斜筋配筋构造

(3)连梁集中对角斜筋配筋构造如图 3-52 所示。集中对角斜筋配筋连梁应在梁截面内沿水平方向及竖直方向设置双向拉筋，拉筋应勾住外侧纵向钢筋，间距不应大于 200 mm，直径不应小于 8 mm。

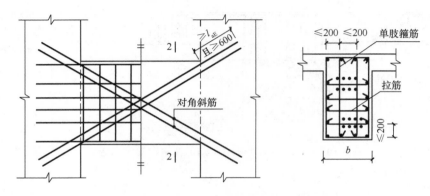

图 3-52　连梁集中对角斜筋配筋构造

(4)连梁对角暗撑配筋构造如图 3-53 所示。对角暗撑配筋连梁中暗撑箍筋的外缘沿梁截面宽度方向不宜小于梁宽的 $\frac{1}{2}$，另一方向不宜小于梁宽的 1/5；对角暗撑约束箍筋肢距不应大于 350 mm。

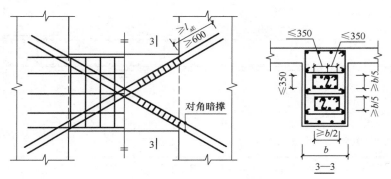

图 3-53　连梁对角暗撑配筋构造

注：用于筒中筒结构时，l_{aE} 均取为 $1.15l_a$。

9. 地下室外墙 DWQ 钢筋构造

(1)地下室外墙水平钢筋构造如图 3-54 所示。

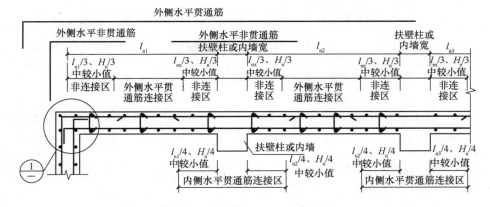

图 3-54　地下室外墙水平钢筋构造

l_{nr} 为相邻水平跨的较大净跨值；H_n 为本层净高

(2)地下室外墙竖向钢筋构造如图 3-55 所示。外墙和顶板的连接节点做法②、③的选用由设计人员在图纸中注明。

(3)当具体工程的钢筋的排布与本图集不同时（如将水平筋设置在外层），应按设计要求进行施工。

(4)扶壁柱、内墙是否作为地下室外墙的平面外支承，应由设计人员根据工程具体情况确定，并在设计文件中明确。

(5)是否设置水平非贯通筋由设计人员根据计算确定，非贯通筋的直径、间距及长度由设计人员在设计图纸中标注。

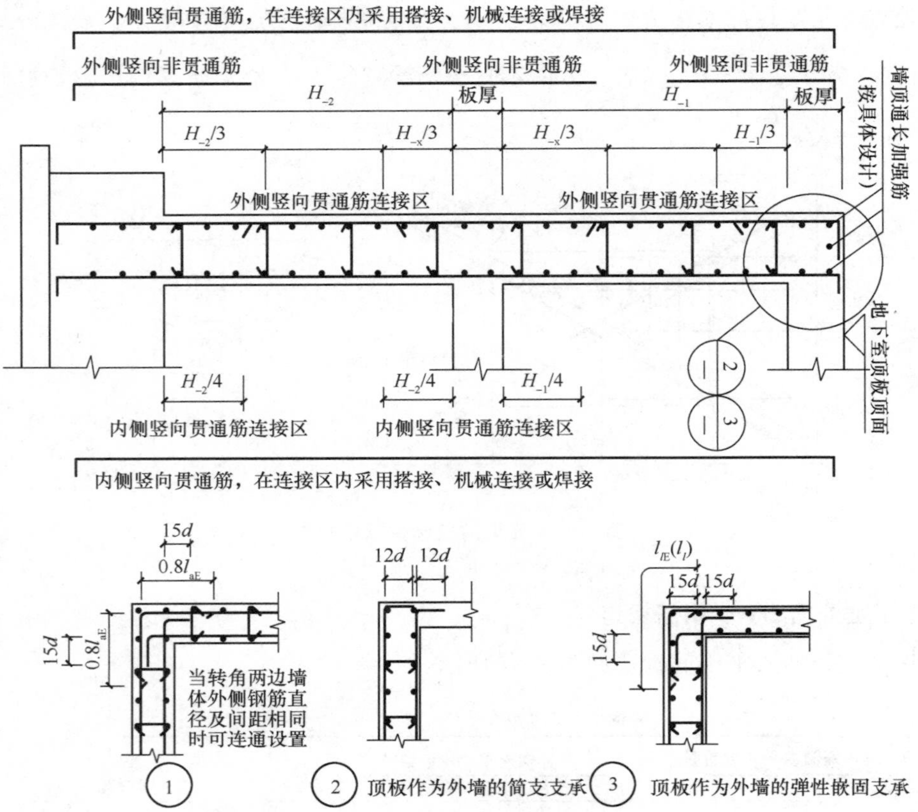

外侧竖向贯通筋，在连接区内采用搭接、机械连接或焊接

外侧竖向非贯通筋　　　外侧竖向非贯通筋　　　外侧竖向非贯通筋

墙顶通长加强筋（按具体设计）

H_{-2}　　板厚　　H_{-1}　　板厚

$H_{-2}/3$　　$H_{-x}/3$　　$H_{-x}/3$　　$H_{-1}/3$

外侧竖向贯通筋连接区　　　外侧竖向贯通筋连接区

地下室顶板顶面

$H_{-2}/4$　　$H_{-2}/4$　　$H_{-1}/4$

内侧竖向贯通筋连接区　　　内侧竖向贯通筋连接区

内侧竖向贯通筋，在连接区内采用搭接、机械连接或焊接

15d
0.8l_{aE}

15d
0.8l_{aE}

当转角两边墙体外侧钢筋直径及间距相同时可连通设置

①

12d　12d

② 顶板作为外墙的简支支承

$l_{lE}(l_l)$
15d　15d

15d

③ 顶板作为外墙的弹性嵌固支承

图 3-55　地下室外墙竖向钢筋构造（H_{-x} 为 H_{-1} 和 H_{-2} 的较大值）

（6）当扶壁柱、内墙不作为地下室外墙的平面外支承时，水平贯通筋的连接区域不受限制。

10. 剪力墙洞口补强构造

（1）矩形洞宽和洞高均不大于 800 mm 时，洞口补强纵筋构造如图 3-56 所示。矩形洞宽和洞高均大于 800 mm 时，洞口补强暗梁构造如图 3-57 所示。

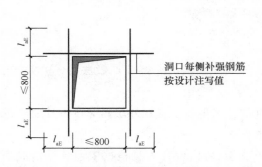

图 3-56　矩形洞宽和洞高均不大于 800 mm 时洞口补强纵筋构造

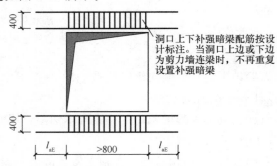

图 3-57　矩形洞宽和洞高均大于 800 mm 时洞口补强暗梁构造

(2)剪力墙圆形洞口补强纵筋构造如图 3-58 所示。

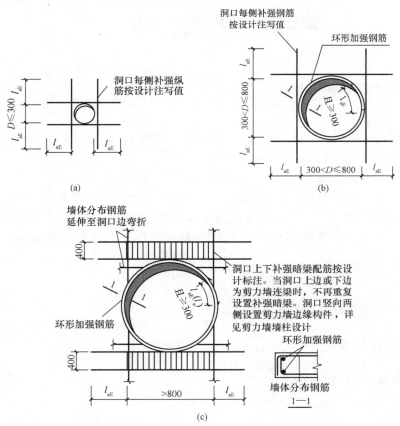

图 3-58　剪力墙圆形洞口补强纵筋构造

(a)洞口直径不大于 300 mm 时；(b)洞口直径大于 300 mm 但不大于 800 mm 时；

(c)洞口直径大于 800 mm 时

(3)连梁中部圆形洞口补强钢筋构造如图 3-59 所示。

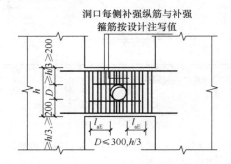

图 3-59　连梁中部圆形洞口补强钢筋构造

注：圆形洞口预埋钢套管。

第三节 梁的识图方法

一、梁构件平法施工图识图步骤

(1)查看图名、比例。

(2)校核轴线编号及其间距尺寸,要求必须与建筑图、剪力墙施工图、柱施工图保持一致。

(3)与建筑图配合,明确梁的编号、数量和布置。

(4)阅读结构设计总说明或有关说明,明确梁的混凝土强度等级及其他要求。

(5)根据梁的编号,查阅图中平面标注或截面标注,明确梁的截面尺寸、配筋和标高。再根据抗震等级、设计要求和标准构造详图确定纵向钢筋、箍筋和吊筋的构造要求(例如纵向钢筋的锚固长度、切断位置、弯折要求、连接方式和搭接长度,箍筋加密区的范围,附加箍筋、吊筋的构造)。

(6)其他有关要求。

要点提示

应注意主、次梁交汇处钢筋的高低位置要求。

二、梁构件标准构造识图

1.楼层框架梁 KL 纵向钢筋构造

(1)楼层框架梁 KL 纵向钢筋构造如图 3-60 所示。

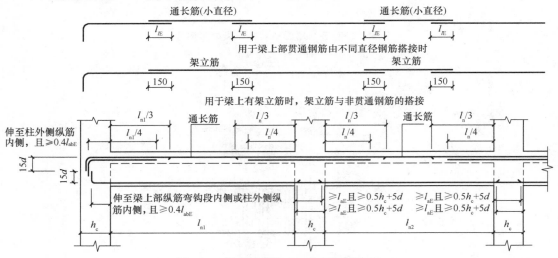

图 3-60 楼层框架梁 KL 纵向钢筋构造

注:1. 跨度值 l_n 为左跨 l_{ni} 和右跨 l_{ni+1} 之较大值,其中 $i=1,2,3\cdots$。

2. 图中 h_c 为柱截面沿框架方向的高度。

3. 梁上部通长钢筋与非贯通钢筋直径相同时,连接位置宜位于跨中 $l_{ni}/3$ 范围内;梁下部钢筋连接位置宜位于支座 $l_{ni}/3$ 范围内;且在同一连接区段内钢筋接头面积百分率不宜大于 50%。

要点提示

当作为框架梁端支座的"框架柱"宽度较小,不满足 $0.4l_{abE}$ 时的处理。

(1) l_{aE} 是直锚长度标准。当弯锚时,不应以 l_{aE} 作为衡量弯锚总长度的标准。

(2) 应当注意保证直锚水平段不小于 $0.4l_{abE}$,若不能满足,应将较大直径的钢筋以"等强度或等面积"代换为直径较小的钢筋予以满足,而不应采用加长直钩长度使总锚长等于 l_{aE} 的错误方法。

(2)端支座加锚头(锚板)锚固如图 3-61 所示,端支座直锚如图 3-62 所示。

(3)中间层中间节点梁下部筋在节点外搭接如图 3-63 所示,梁下部钢筋不能在柱内锚固时,可在节点外搭接。相邻跨钢筋直径不同时,搭接位置位于较小直径一跨。

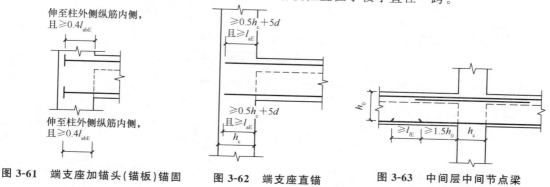

图 3-61　端支座加锚头(锚板)锚固　　图 3-62　端支座直锚　　图 3-63　中间层中间节点梁下部筋在节点外搭接

2. 屋面框架梁 WKL 纵向钢筋构造

(1)屋面框架梁 WKL 纵向钢筋构造如图 3-64 所示。

图 3-64　屋面框架梁 WKL 纵向钢筋构造

注:1. 跨度值 l_n 为左跨 l_{ni} 和右跨 l_{ni+1} 之较大值,其中 $i=1,2,3\cdots$。

　　2. 图中 h_c 为柱截面沿框架方向的高度。

　　3. 梁上部通长钢筋与非贯通钢筋直径相同时,连接位置宜位于跨中 $l_{ni}/3$ 范围内;梁下部钢筋连接位置宜位于支座 $l_{ni}/3$ 范围内;且在同一连接区段内钢筋接头面积百分率不宜大于 50%。

(2)顶层端节点梁下部钢筋端头加锚头(锚板)锚固如图 3-65 所示,顶层端支座梁下部钢筋直锚如图 3-66 所示。

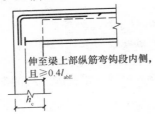

图 3-65 顶层端节点梁下部钢筋端头加锚头（锚板）锚固

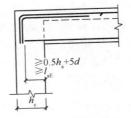

图 3-66 顶层端支座梁下部钢筋直锚

（3）顶层中间节点梁下部筋在节点外搭接如图 3-67 所示，梁下部钢筋不能在柱内锚固时，可在节点外搭接。相邻跨钢筋直径不同时，搭接位置位于较小直径一跨。

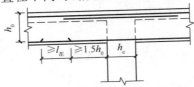

图 3-67 顶层中间节点梁下部筋在节点外搭接

3. 楼层框架梁 KL 纵向钢筋构造

（1）楼层框架梁 KL 纵向钢筋构造如图 3-68 所示。

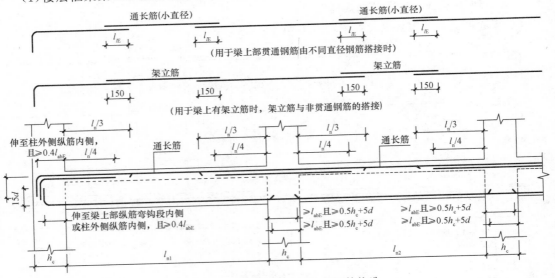

图 3-68 楼层框架梁 KL 纵向钢筋构造

注：1. 跨度值 l_n 为左跨 l_{ni} 和右跨 l_{ni+1} 之较大值，其中 $i = 1, 2, 3 \cdots$。

2. 图中 h_c 为柱截面沿框架方向的高度。

3. 梁上部通长钢筋与非贯通钢筋直径相同时，连接位置宜位于跨中 $l_{ni}/3$ 范围内；梁下部钢筋连接位置宜位于支座 $l_{ni}/3$ 范围内；且在同一连接区段内钢筋接头面积百分率不宜大于 50%。

（2）端支座加锚头（锚板）锚固如图 3-69 所示，端支座直锚如图 3-70 所示。

（3）中间层中间节点梁下部筋在节点外搭接如图 3-71 所示。梁下部钢筋不能在柱内锚固时,可在节点外搭接。相邻跨钢筋直径不同时,搭接位置位于较小直径一跨。

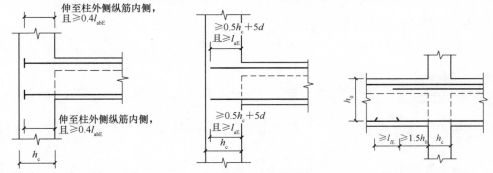

图 3-69　端支座加锚头(锚板)锚固　　图3-70　端支座直锚　　图3-71　中间层中间节点梁下部筋
在节点外搭接

4. 框架梁加腋构造

(1)框架梁水平加腋构造如图 3-72 所示。当梁结构平法施工图中水平加腋部位的配筋设计未给出时,其梁腋上、下部斜纵筋(仅设置第一排)直径分别同梁内上、下纵筋,水平间距不宜大于 200 mm;水平加腋部位侧面纵向构造筋的设置及构造要求同梁内侧面纵向构造筋。

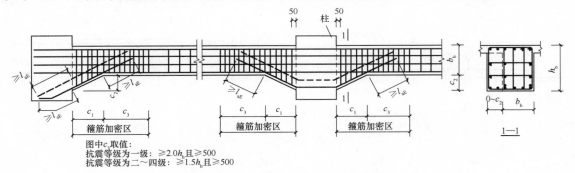

图中 c_3 取值:
抗震等级为一级: $\geqslant 2.0h_b$ 且 $\geqslant 500$
抗震等级为二~四级: $\geqslant 1.5h_b$ 且 $\geqslant 500$

图 3-72　框架梁水平加腋构造

注:加腋部位箍筋规格及肢距与梁端部的箍筋相同。

(2)框架梁竖向加腋构造如图 3-73 所示。

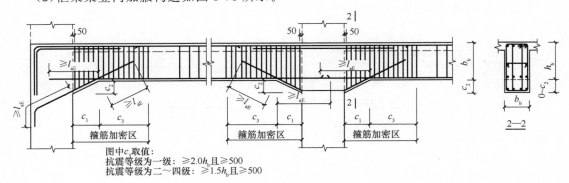

图中 c_3 取值:
抗震等级为一级: $\geqslant 2.0h_b$ 且 $\geqslant 500$
抗震等级为二~四级: $\geqslant 1.5h_b$ 且 $\geqslant 500$

图 3-73　框架梁竖向加腋构造

注:本图中框架梁竖向加腋构造适用于加腋部分参与框架梁计算,配筋由设计标注;其他情况设计应另行给出做法。

5. KL、WKL 中间支座纵向钢筋构造

（1）KL 中间支座纵向钢筋构造如图 3-74 所示。

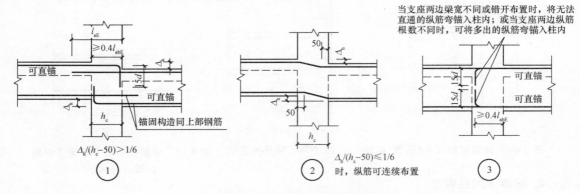

图 3-74 KL 中间支座纵向钢筋构造

（2）WKL 中间支座纵向钢筋构造如图 3-75 所示。

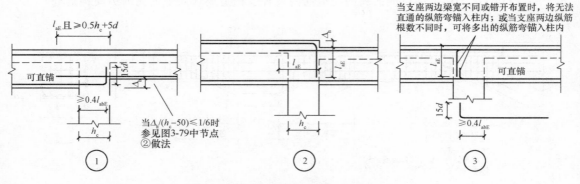

图 3-75 WKL 中间支座纵向钢筋构造

6. 非框架梁 L 中间支座纵向钢筋构造

非框架梁 L 中间支座纵向钢筋构造如图 3-76 所示。

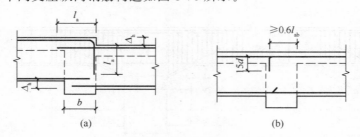

图 3-76 非框架梁 L 中间支座纵向钢筋构造

（a）节点①；（b）节点②

7. 水平折梁、竖向折梁钢筋构造

(1)水平折梁钢筋构造如图 3-77 所示。

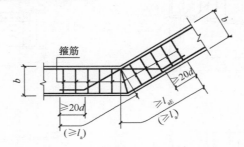

图 3-77　水平折梁钢筋构造

注:箍筋具体值由设计指定。

(2)竖向折梁钢筋构造如图 3-78 所示。

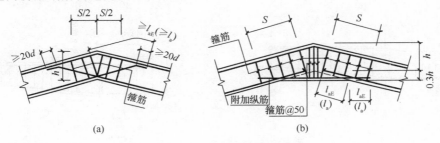

(a)　　　　　　　　　　(b)

图 3-78　竖向折梁钢筋构造

(a)竖向折梁钢筋构造(一);(b)竖向折梁钢筋构造(二)

注:图中 S 的范围、附加纵筋和箍筋具体值由设计指定。

8. 纯悬挑梁 XL 及各类梁的悬挑端配筋构造

(1)纯悬挑梁 XL 如图 3-79 所示。不考虑地震作用时,当纯悬挑梁的纵向钢筋直锚长度大于 l_a 且不小于 $0.5h_c+5d$ 时,可不必往下弯折。

(2)当悬挑梁考虑竖向地震作用时(由设计明确),悬挑梁中钢筋锚固长度 l_a、l_{ab} 应改为 l_{aE}、l_{abE},悬挑梁下部钢筋伸入支座长度也应采用 l_{aE}。

(3)各类梁的悬挑端配筋构造如图 3-80 所示。图 3-80(a)可用于中间层或屋面;图 3-80(b)、(d)中 $\Delta_h/(h_c-50)>1/6$,仅用于中间层;图 3-80(c)、(e)

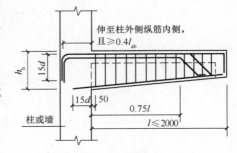

图 3-79　纯悬挑梁 XL

中,当 $\Delta_h/(h_c-50)\leqslant 1/6$ 时,上部纵筋连续布置,用于中间层,当支座为梁时也可用于屋面;图 3-80(f)、(g)中,$\Delta_h\leqslant h_b/3$,用于屋面,当支座为梁时也可用于中间层。

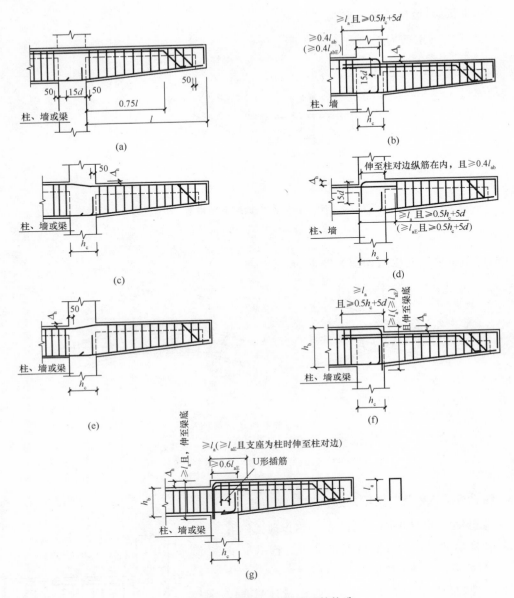

图 3-80　各类梁的悬挑端配筋构造

(a)节点Ⓐ；(b)节点Ⓑ；(c)节点Ⓒ；(d)节点Ⓓ；(e)节点Ⓔ；(f)节点Ⓕ；(g)节点Ⓖ

注：1. 不考虑地震作用时，当图(d)中悬挑端的纵向钢筋直锚长度大于 l_a 且不小于 $0.5h_c+5d$

　　　时，可不必往下弯折；

　　2. 图(a)、(f)、(g)中，当屋面框架梁与悬挑端根部底平时，且下部纵筋通长设置时，框架柱

　　　中纵向钢筋锚固要求可按中柱柱顶节点；

　　3. 当梁上部设有第三排钢筋时，其伸出长度应由设计者注明。

10. ZHZ、KZL 配筋构造

(1)ZHZ 配筋构造如图 3-81 所示。

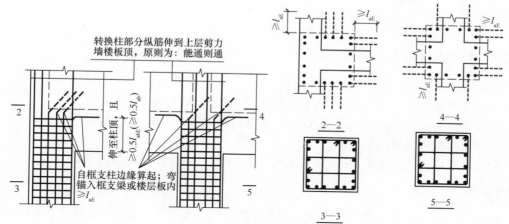

图 3-81　ZHZ 配筋构造

注:1. 跨度值 l_n 为左跨 l_{ni} 和右跨 l_{ni+1} 之较大值,其中 $i=1,2,3\cdots$。

2. 图中 h_b 为梁截面的高度,h_c 为转换柱截面沿转换框架方向的高度。

3. 梁纵向钢筋宜采用机械连接接头,同一截面内接头钢筋截面面积不应超过全部纵筋截面面积的 50%,接头位置应避开上部墙体开洞部位、梁上托柱部位及受力较大部位。

4. 对托柱转换梁的托柱部位或上部的墙体开洞部位,梁的箍筋应加密配置,加密区范围可取梁上托柱边或墙边两侧各 1.5 倍转换梁高度。

5. 转换柱纵筋中心距不应小于 80,且净距不应小于 50。

(2)KZL 配筋构造如图 3-82 所示。

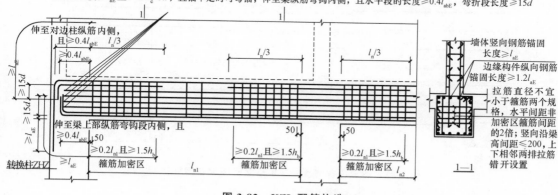

图 3-82　KZL 配筋构造

注:1. 跨度值 l_n 为左跨 l_{ni} 和右跨 l_{ni+1} 之较大值,其中 $i=1,2,3\cdots$。

2. 图中 h_b 为梁截面的高度,h_c 为转换柱截面沿转换框架方向的高度。

3. 梁纵向钢筋宜采用机械连接接头,同一截面内接头钢筋截面面积不应超过全部纵筋截面面积的 50%,接头位置应避开上部墙体开洞部位、梁上托柱部位及受力较大部位。

4. 对托柱转换梁的托柱部位或上部的墙体开洞部位,梁的箍筋应加密配置,加密区范围可取梁上托柱边或墙边两侧各 1.5 倍转换梁高度。

5. 转换柱纵筋中心距不应小于 80,且净距不应小于 50。

第四节　板的识图方法

一、板构件平法施工图识图步骤

(1)查看图名、比例。

(2)校核轴线编号及其间距尺寸,要求必须与建筑图、梁平法施工图保持一致。

(3)阅读结构设计总说明或图纸说明,明确现浇板的混凝土强度等级及其他要求。

(4)明确现浇板的厚度和标高。

(5)明确现浇板的配筋情况,并参阅说明,了解未标注的分布钢筋情况等。

要点提示

识读现浇板施工图时,应注意现浇板钢筋的弯钩方向,以便确定钢筋是在板的底部还是顶部。

需要特别强调的是,应分清板中纵横方向钢筋的位置关系。对于四边整浇的混凝土矩形板,由于力沿短边方向传递得多,下部钢筋一般是短边方向钢筋在下,长边方向钢筋在上,而下部钢筋正好相反。

二、板构件标准构造识图

1. 有梁楼盖楼(屋)面板配筋构造

(1)有梁楼盖楼面板 LB 和屋面板 WB 钢筋构造如图 3-83 所示。

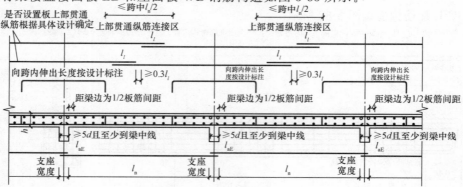

图 3-83　有梁楼盖楼面板 LB 和屋面板 WB 钢筋构造

注:1. 括号内的锚固长度 l_a 用于梁板式转换层的板。

2. 当相邻等跨或不等跨的上部贯通纵筋配置不同时,应将配置较大者越过其标注的跨数终点或起点伸出至相邻跨的跨中连接区域连接。

3. 除本图所示搭接外,板纵筋可采用机械连接或焊接。接头位置:上部钢筋如本图连接区所示,下部钢筋宜在距支座 1/4 净跨内。

4. 板位于同一层面的两向交叉纵筋何向在下何向在上,应按具体设计说明确定。

5. 图中板的中间支座均按梁绘制,当支座为混凝土剪力墙、砌体墙或圈梁时,其构造相同。

6. 纵筋在端支座应伸至支座(梁、圈梁或剪力墙)外侧纵筋内侧后弯折 $15d$,当直段长度分别大于 l_a、不小于 l_{laE} 时可不弯折。

（2）板在端部支座的锚固构造如图 3-84 所示。

2. 有梁楼盖不等跨板上部贯通纵筋连接构造

不等跨板上部贯通纵筋连接构造如图 3-85 所示。

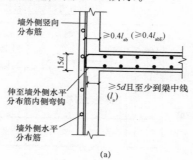

(a)

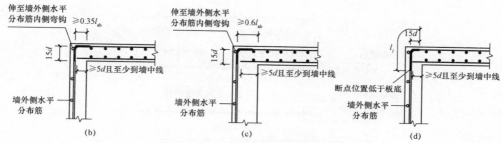

图 3-84　板在端部支座的锚固构造

(a)端部支座为剪力墙中间层；(b)板端按铰接设计时；(c)板端上部纵筋按充分利用钢筋的抗接强度时；(c)搭接连接

注：(b)、(c)、(d)是端部支座为剪力墙墙顶的构造。

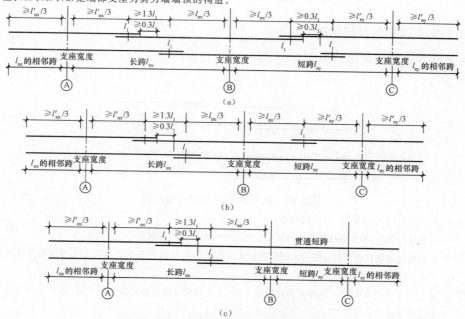

图 3-85　不等跨板上部贯通纵筋连接构造

(a)构造(一)；(b)构造(二)；(c)构造(三)

注：l'_{nx} 是轴线Ⓐ左右两跨的较大净跨度值；l'_{ny} 是轴线Ⓒ左右两跨的较大净跨度值。

3. 单(双)向板配筋示意

单(双)向板配筋示意如图 3-86 所示。

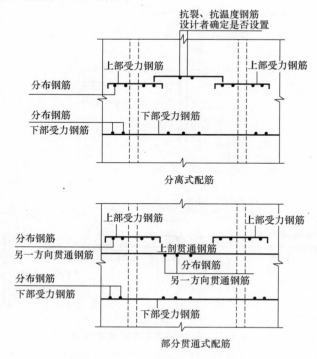

图 3-86　单(双)向板配筋示意

4. 纵向钢筋非接触搭接构造

纵向钢筋非接触搭接构造如图 3-87 所示。

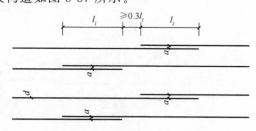

图 3-87　纵向钢筋非接触搭接构造

注：1. $30+d \leqslant a < 0.2l_l$ 及 150 mm 的较小值。

2. 在搭接范围内，相互搭接的纵筋与横向钢筋的每个交叉点均应进行绑扎。

3. 抗裂构造钢筋自身及其与受力主筋搭接长度为 150 mm，抗温度筋自身及其与受力主筋搭接长度为 l_l。

4. 板上下贯通筋可兼作抗裂构造筋和抗温度筋，当下部贯通筋兼作抗温度钢筋时，其在支座岛锚固由设计者确定。

5. 分布筋自身及与受力主筋、构造钢筋的搭接长度为 150 mm，当分布筋兼作抗温度筋时，其自身及与受力主筋、构造钢筋的搭接长度为 l_l，其在支座的锚固按受拉要求考虑。

5. 悬挑板 XB 钢筋构造

悬挑板 XB 钢筋构造如图 3-88 所示。

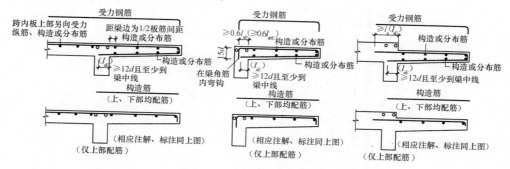

图 3-88　悬挑板 XB 钢筋构造

6. 无支撑板端部封边构造

无支撑板端部封边构造如图 3-89 所示。

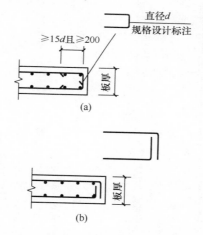

图 3-89　无支撑板端部封边构造（当板厚不小于 150 mm 时）

（a）封边构造（一）；（b）封边构造（二）

7. 折板配筋构造

折板配筋构造如图 3-90 所示。

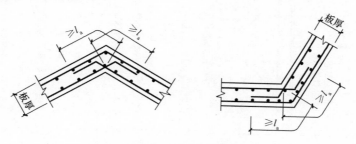

图 3-90　折板配筋构造

8. 无梁楼盖柱上板带 ZSB 与跨中板带 KZB 纵向钢筋构造

（1）柱上板带 ZSB 纵向钢筋构造如图 3-91 所示。

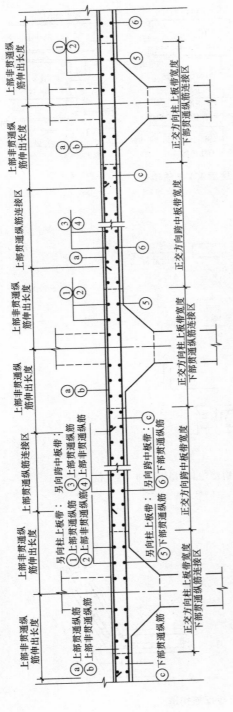

图 3-91 柱上板带 ZSB 纵向钢筋构造

注：1. 板带上部非贯通纵向跨内伸出长度按设计标注。

2. 当相邻等跨或不等跨的上贯通纵筋配置不同时，应将配置较大者贯通过其锚注的跨数终点或起点伸出至相邻跨的跨中连接区。

3. 板贯通纵筋在连接区域内也可采用机械连接或焊接连接。

4. 板位于同一层面的两向交叉纵筋何向在下何向在上，应按具体设计说明确定。

5. 本图构造同样适用于无柱帽的无梁楼盖。

6. 抗震设计时，无梁楼盖柱上板带内贯通纵筋搭接长度应为 l_{lE}，无柱帽柱上板带的下贯通纵筋，宜在距柱面 2 倍板厚以外连接。采用搭接时宜设置垂直于板面的弯钩。

要点提示

无梁楼盖是把板直接支承在柱子上面,为加大柱顶的支承面积,在柱顶部设置柱帽。

(2)跨中板带 KZB 纵向钢筋构造如图 3-92 所示。

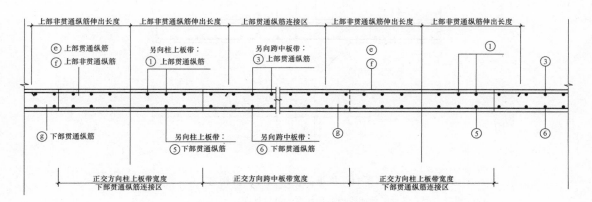

图 3-92 跨中板带 KZB 纵向钢筋构造

注:板带上部非贯通纵筋向跨内伸出长度按设计标注。

9. 板带端支座纵向钢筋构造和板带悬挑端纵向钢筋构造

板带端支座纵向钢筋构造如图 3-93 所示,板带悬挑端纵向钢筋构造如图 3-94 所示。

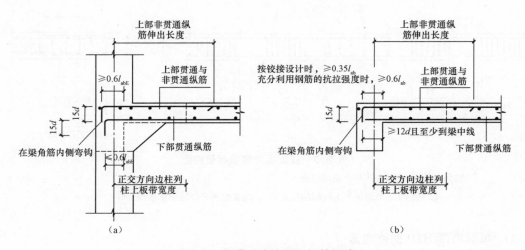

图 3-93 板带端支座纵向钢筋构造

(a)柱上板带连接;(b)跨中板带连接

注:1. 板带上部非贯通纵筋向跨内伸出长度按设计标注。

2. 本图板带端支座纵向钢筋构造同样适用于无柱帽的无梁楼盖,且仅用于中间楼层,屋面处节
点构造由设计者补充。

3. 图中"设计按铰接时""充分利用钢筋的抗拉强度时"由设计指定。

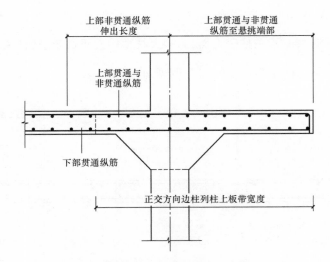

图 3-94　板带悬挑端纵向钢筋构造

注:1. 板带上部非贯通纵筋向跨内伸出长度按设计标注。

　　2. 本图板带悬挑端纵向钢筋构造同样适用于无柱帽的无梁楼盖,且仅用于中间楼层。屋面处节点构造由设计者补充。

10. 柱上板带暗梁钢筋构造

柱上板带暗梁钢筋构造如图 3-95 所示。

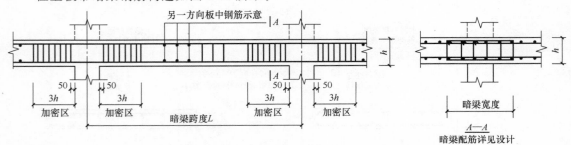

图 3-95　柱上板带暗梁钢筋构造

注:1. 纵向钢筋做法同柱上板带钢筋。

　　2. 柱上板带暗梁仅用于无柱帽的无梁楼盖,箍筋加密区仅用于抗震设计时。

11. 板后浇带 HJD 钢筋构造

(1)板后浇带 HJD 钢筋构造如图 3-96、图 3-97 所示。

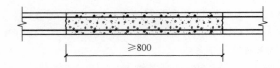

图 3-96　板后浇带 HJD 贯通钢筋构造

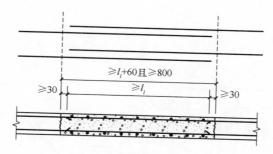

图 3-97　板后浇带 HJD100％搭接钢筋构造

（2）梁后浇带 HJD 贯通钢筋构造如图 3-98、图 3-99 所示。

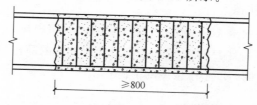

图 3-98　梁后浇带 HJD 贯筋钢筋构造

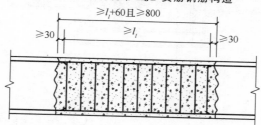

图 3-99　梁后浇带 HJD 100％搭接钢筋构造

（3）墙后浇带 HJD 贯通钢筋构造如图 3-100、图 3-101 所示。

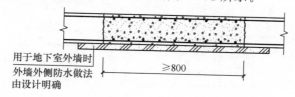

图 3-100　墙后浇带 HJD 贯通钢筋构造

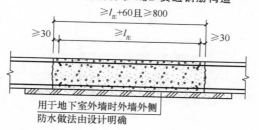

图 3-101　墙后浇带 HJD100％搭接钢筋构造

12. 板加腋 JY 构造

板加腋 JY 构造如图 3-102 所示。

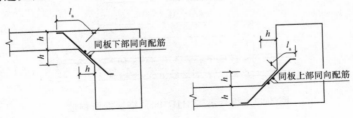

图 3-102　板加腋 JY 构造

13. 局部升降板 SJB 构造

局部升降板 SJB 构造如图 3-103 所示。图 3-103(a)、(b)中局部升降板升高与降低的高度限定为不大于 300 mm，当高度大于 300 mm 时，设计应补充配筋构造图；图 3-103(c)、(d)适用于局部升降板升高与降低的高度小于板厚的情况。

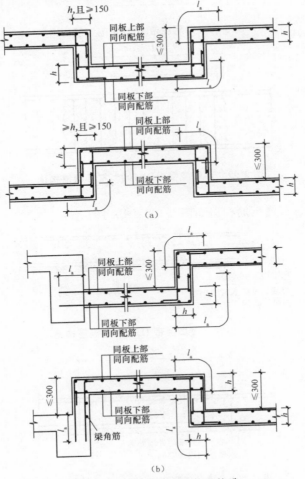

(a)

(b)

图 3-103　局部升降板 SJB 构造

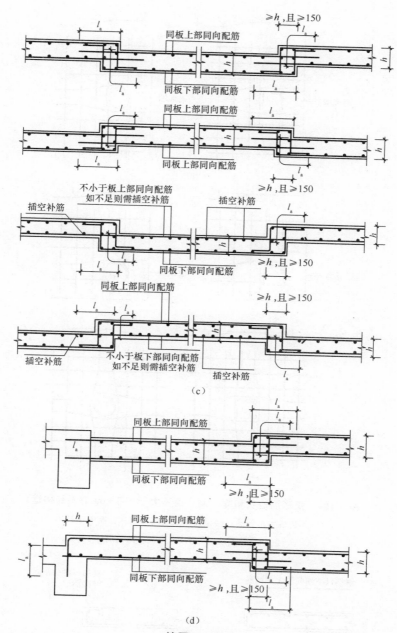

续图 3-103

(a)局部升降板 SJB 构造(一);(b)局部升降板 SJB 构造(二);(c)局部升降板 SJB 构造(三);(d)局部升降板 SJB 构造(四)

注:1. (a)、(c)为板中升降,(b)、(d)为侧边为梁。

2. 局部升降板的下部与上部配筋宜为双向贯通筋。

3. 本图构造同样适用于狭长沟状降板。

14. 板开洞 BD 与洞边加强钢筋构造(洞边无集中荷载)

(1)矩形洞边长和圆形洞直径不大于 300 mm 时钢筋构造如图 3-104 所示,其洞边被切断钢筋端部构造如图 3-105 所示。

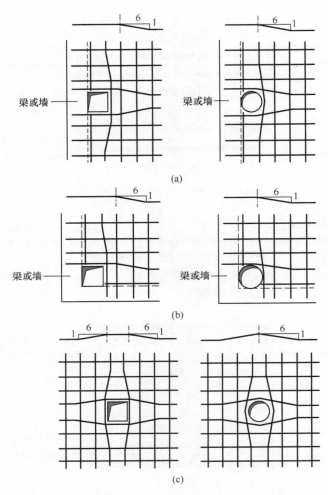

图 3-104　矩形洞边长和圆形洞直径不大于 300 mm 时钢筋构造

（a）梁边或墙边开洞；（b）梁交角或墙角开洞；（c）板中开洞

注：受力钢筋绕过孔洞，不另设补强钢筋

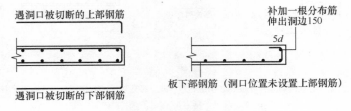

图 3-105　洞边被切断钢筋端部构造

（2）矩形洞边长和圆形洞直径大于 300 mm 但不大于 1000 mm 时，补强钢筋构造如图 3-106所示。其洞边被切断钢筋端部构造如图 3-107 所示。

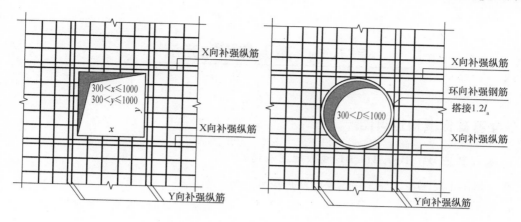

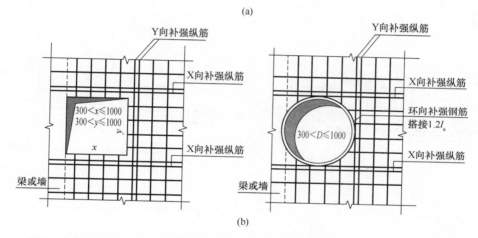

图 3-106 矩形洞边长和圆形洞直径大于 300 mm 但不大于 1000 mm 时补强钢筋构造

（a）板中开洞；（b）梁边或墙边开洞

注：1. 当设计注写补强钢筋时，应按注写的规格、数量与长度值补强。当设计未注写时，

    X 向、Y 向分别按每边配置两根直径不小于 12 mm 且不小于同向被切断纵向钢筋

    总面积的 50% 补强，补强钢筋与被切断钢筋布置在同一层面，两根补强钢筋之间的

    净距为 30 mm；环向上下各配置一根直径不小于 10 mm 的钢筋进行补强。

  2. 补强钢筋的强度等级与被切断钢筋相同。

  3. X 向、Y 向补强纵筋伸入支座的锚固方式同板中钢筋，当不伸入支座时，设计应标注。

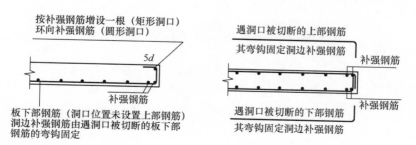

图 3-107 洞边被切断钢筋端部构造

第五节　基础的识图方法

一、独立基础标准构造识图

1. 独立基础 DJ$_J$、DJ$_P$、BJ$_J$、BJ$_P$底板配筋构造

独立基础 DJ$_J$、DJ$_P$、BJ$_J$、BJ$_P$底板配筋构造如图 3-108 所示。

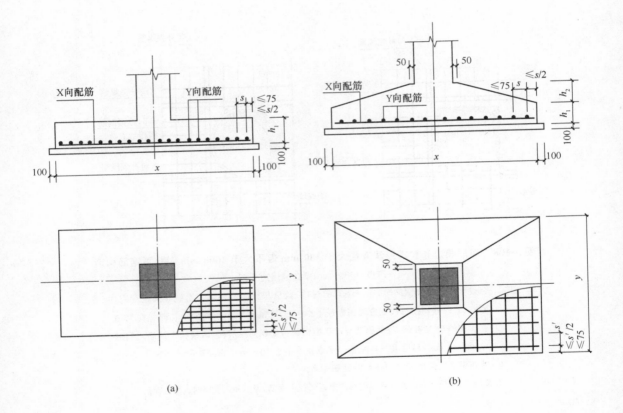

图 3-108　独立基础 DJ$_J$、DJ$_P$、BJ$_J$、BJ$_P$底板配筋构造

(a)阶形；(b)坡形

注：1. 独立基础底板配筋构造适用于普通独立基础和杯口独立基础。

　　2. 几何尺寸和配筋按具体结构设计和图中构造确定。

　　3. 独立基础底板双向交叉钢筋长向设置在下，短向设置在上。

2. 双柱普通独立基础底部与顶部配筋构造

双柱普通独立基础底部与顶部配筋构造如图 3-109 所示。

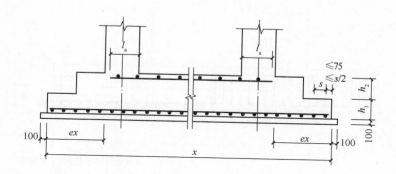

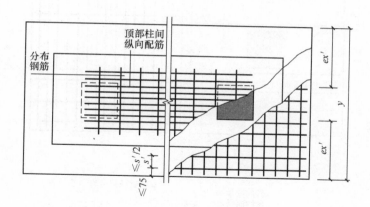

图 3-109 双柱普通独立基础底部与顶部配筋构造

注:1. 双柱普通独立基础底板的截面形状,可为阶形截面 DJ_J 或坡形截面 DJ_P。

2. 几何尺寸和配筋按具体结构设计和图中构造确定。

3. 双柱普通独立基础底部双向交叉钢筋,根据基础两个方向从柱外缘至基础外缘
的伸出长度 ex 和 ex' 的大小,较大者方向的钢筋设置在下,较小者方向的钢筋设
置在上。

3.设置基础梁的双柱普通独立基础配筋构造

设置基础梁的双柱普通独立基础配筋构造如图 3-110 所示。

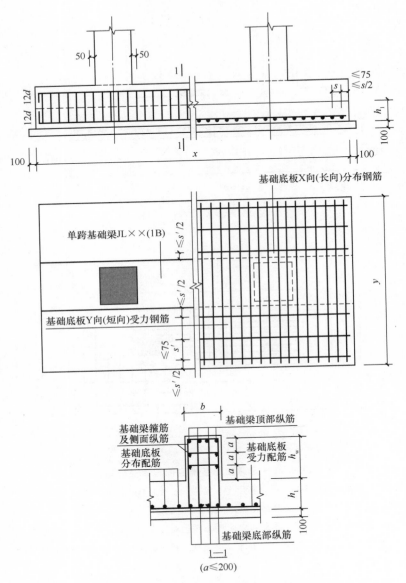

图 3-110 设置基础梁的双柱普通独立基础配筋构造

注:1. 双柱独立基础底板的截面形状,可为阶形截面 DJ_J 或坡形截面 DJ_P。

2. 几何尺寸和配筋按具体结构设计和本图中构造确定。

3. 双柱独立基础底部短向受力钢筋设置在基础梁纵筋之下,与基础梁箍筋的下水平段位于同一层面。

4. 双柱独立基础所设置的基础梁宽度,宜比柱截面宽度不小于 100 mm(每边不小于 50 mm)。若具体设计的基础梁宽度小于柱截面宽度,施工时应增设梁包柱侧腋。

4. 独立基础底板配筋长度减短 10％构造

独立基础底板配筋长度减短 10％构造如图 3-111 所示。

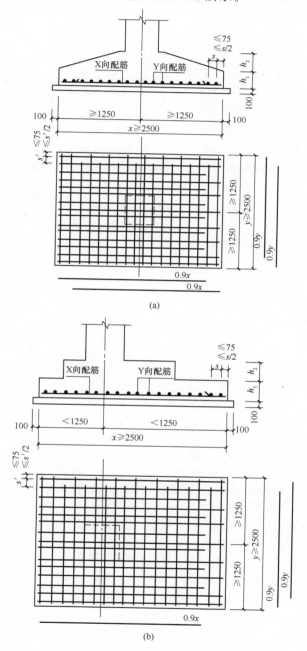

图 3-111 独立基础底板配筋长度减短 10％构造

（a）对称独立基础；（b）非对称独立基础

注：1. 当独立基础底板长度不小于 2500 mm 时，除外侧钢筋外，底板配筋长度可取相应方
向底板长度的 0.9 倍，交错放置。

2. 当非对称独立基础底板长度不小于 2500 mm，但是该基础某侧从柱中心至基础底板
边缘的距离小于 1250 mm 时，钢筋在该侧不应减短。

5. 杯口和双杯口独立基础构造

(1)杯口顶部焊接钢筋网如图 3-112 所示。

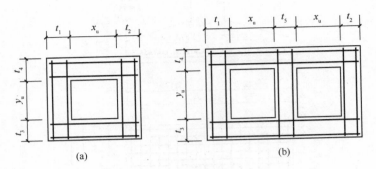

(a)   (b)

图 3-112 杯口顶部焊接钢筋网

（a）单杯口；（b）双杯口

(2)杯口独立基础构造如图 3-113 所示。

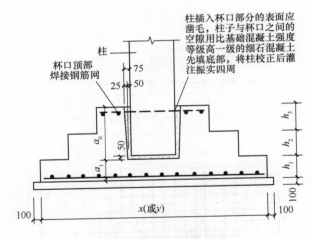

柱插入杯口部分的表面应凿毛，柱子与杯口之间的空隙用比基础混凝土强度等级高一级的细石混凝土先填底部，将柱校正后灌注振实四周

柱

杯口顶部焊接钢筋网

图 3-113 杯口独立基础构造

注：1. 杯口独立基础底板的截面形状可为阶形截面 BJ_J 或坡形截面 BJ_P。当为坡形截面且坡度较大时，应在坡面上安装顶部模板，以确保混凝土能够浇筑成型、振捣密实。

      2. 几何尺寸和配筋按具体结构设计和本图中构造确定。

(3)双杯口独立基础构造如图 3-114 所示。

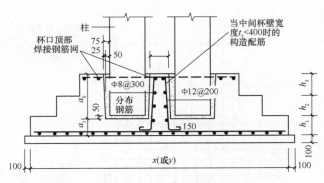

图 3-114　双杯口独立基础构造

注:1. 几何尺寸和配筋按具体结构设计和图中构造确定;

　　2. 当双杯口的中间杯壁宽度 $t_5 < 400$ mm 时,设置构造配筋。

6. 高杯口独立基础配筋构造

高杯口独立基础配筋构造见图 3-115。

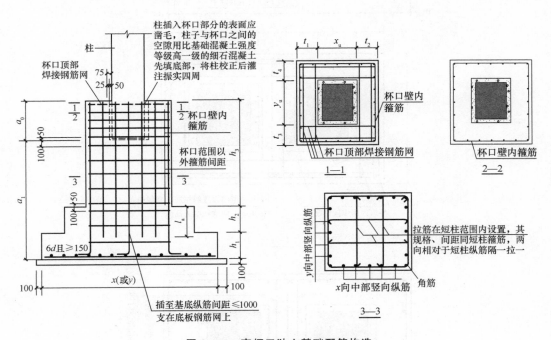

图 3-115　高杯口独立基础配筋构造

注:1. 高杯口独立基础底板的截面形状可为阶形截面 BJ_J 或坡形截面 BJ_P。当为坡形截面且坡度较大时,

　　应在坡面上安装顶部模板,以确保混凝土能够浇筑成型、振捣密实。

　　2. 几何尺寸和配筋按具体结构设计和图中构造规定,施工按相应平法制图规则。

7. 双高杯口独立基础配筋构造

双高杯口独立基础配筋构造如图 3-116 所示。当双杯口的中间杯壁宽度 $t_5 < 400$ mm 时,设置中间杯壁构造配筋。

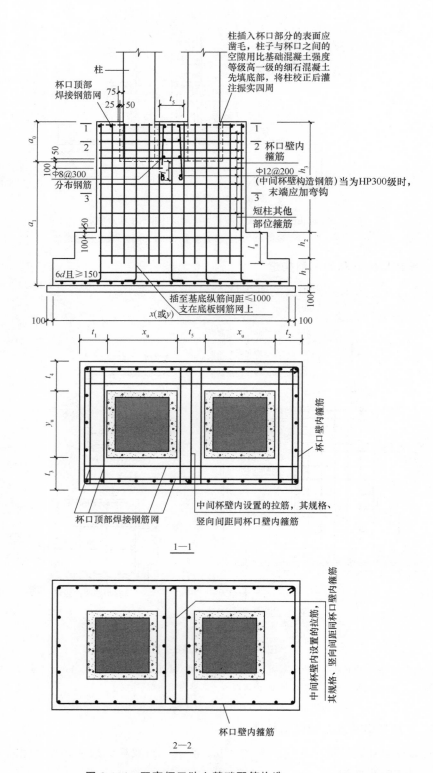

图 3-116 双高杯口独立基础配筋构造

8. 单柱带短柱独立基础配筋构造

单柱带短柱独立基础配筋构造如图 3-117 所示。

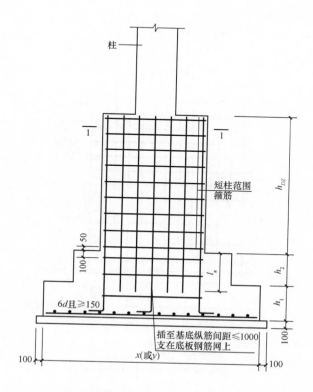

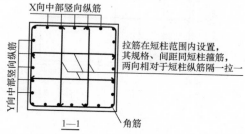

图 3-117　单柱带短柱独立基础配筋构造

注:1. 带短柱独立基础底板的截面形式可分为阶形截面 BJ_J 或坡形截
　　面 BJ_P。当为坡形截面且坡度较大时,应在坡面上安装顶部模
　　板,以确保混凝土能够浇筑成型、振捣密实。

　　2. 几何尺寸和配筋按具体结构设计和本图构造确定,施工按相应
　　平法制图规则。

9. 双柱带短柱独立基础配筋构造

双柱带短柱独立基础配筋构造如图 3-118 所示。

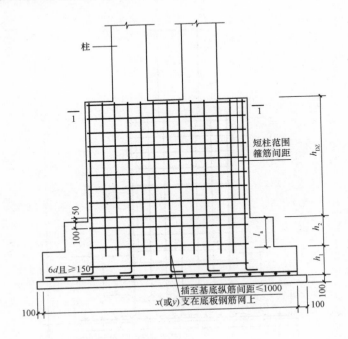

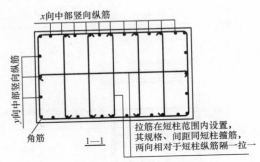

图 3-118 双柱带短柱独立基础配筋构造

注:1. 带短柱独立基础底板的截面形式可分为阶形截面 BJ_J 或坡形截面 BJ_P。当为坡形截面且坡度较大时,应在坡面上安装顶部模板,以确保混凝土能够浇筑成型、振捣密实。

2. 几何尺寸和配筋按具体结构和图中构造确定,施工按相应平法制图规则进行。

二、条形基础标准构造识图

1. 条形基础底板配筋构造

条形基础底板配筋构造如图 3-119 所示。

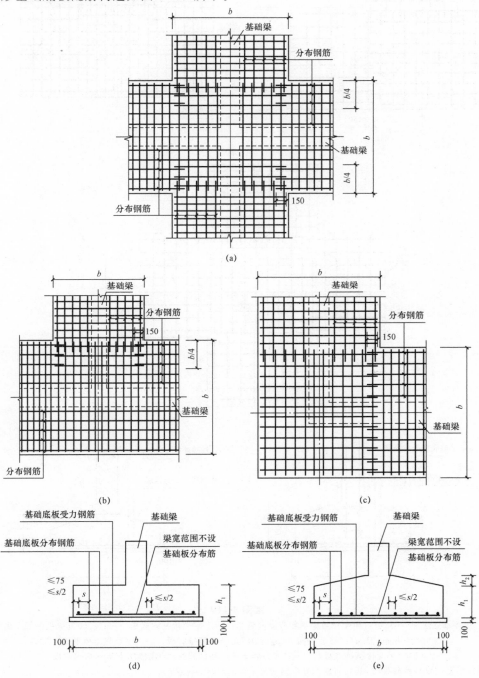

图 3-119 条形基础底板配筋构造

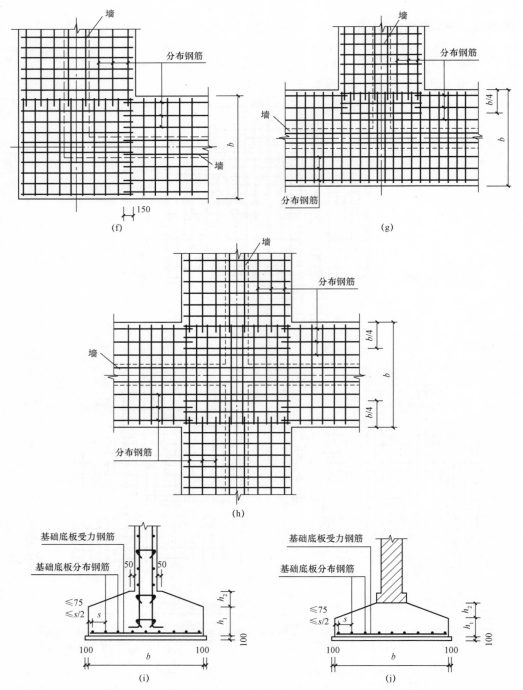

续图 3-119

(a)十字交接基础底板(一),也可用于转角梁端部有纵向延伸;(b)丁字交接基础底板(一);(c)转角梁板端部无纵向延伸;
(d)阶形截面 TJB$_J$;(e)坡形截面 TJB$_P$;(f)转角处墙基础底板;(g)丁字交接基础底板(二);
(h)十字交接基础底板(二);(i)剪力墙下条形基础截面;(j)砌体墙下条形基础截面

注:1. 当条形基础设有基础梁时,基础底板的分布钢筋在梁宽范围内不设置;

2. 在两向受力钢筋交接处的网状部位,分布钢筋与同向受力钢筋的搭接长度为 150 mm。

2. 条形基础板底不平构造

条形基础底板板底不平构造如图 3-120 和图 3-121 所示。

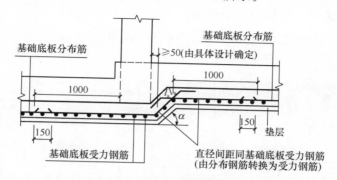

图 3-120　柱下条形基础底板板底不平构造

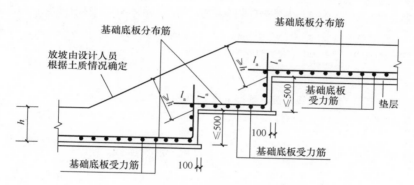

图 3-121　墙下条形基础底板板底不平构造

3. 条形基础底板配筋长度减短 10％构造

条形基础底板配筋长度减短 10％构造如图 3-122 所示。底板交接区的受力钢筋和无交接底板时端部第一根钢筋不应减短。

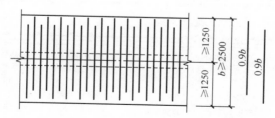

图 3-122　条形基础底板配筋长度减短 10％构造

三、梁板式筏形基础标准构造识图

1. 梁板式筏形基础平板 LPB 钢筋构造

(1)梁板式筏形基础平板 LPB 钢筋构造(柱下区域)如图 3-123 所示。

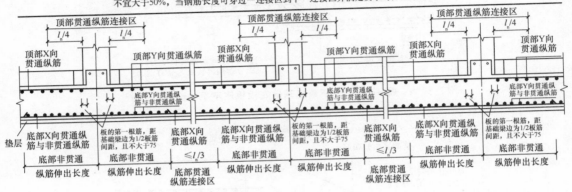

图 3-123　梁板式筏形基础平板 LPB 钢筋构造(柱下区域)

注:基础平板同一层面的交叉纵筋,何向纵筋在下,何向纵筋在上,应按具体设计说明施工。

(2)梁板式筏形基础平板 LPB 钢筋构造(跨中区域)如图 3-124 所示。

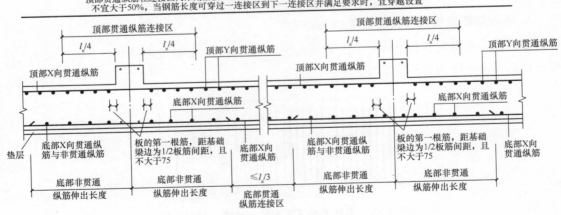

图 3-124　梁板式筏形基础平板 LPB 钢筋构造(跨中区域)

注:基础平板同一层面的交叉纵筋,何向纵筋在下,何向纵筋在上,应按具体设计说明施工。

2. 梁板式筏形基础平板 LPB 端部与外伸部位钢筋构造

（1）端部等截面外伸构造如图 3-125 所示。

（2）端部变截面外伸构造如图 3-126 所示。

（3）端部无外伸构造如图 3-127 所示。

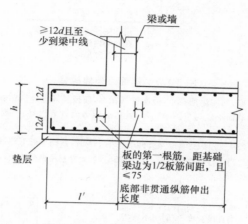

图 3-125　端部等截面外伸构造

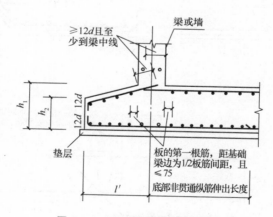

图 3-126　端部变截面外伸构造

3. 梁板式筏形基础平板 LPB 变截面部位钢筋构造

梁板式筏形基础平板 LPB 变截面部位钢筋构造如图 3-128 所示。

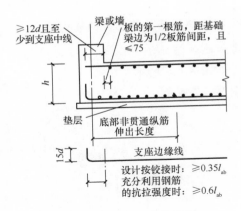

图 3-127 端部无外伸构造

注:1. 基础平板同一层面的交叉纵筋,何向纵筋在下,何向纵筋在上,应按具体设计说明施工。

2. 当梁板式筏形基础平板的变截面形式与本图不同时,其构造应由设计者设计;当要求施工方参照本图构造方式时,应提供相应改动的变更说明。

3. 端部等(变)截面外伸构造中,当从支座内边算起至外伸端头小于 l_a 时,基础平板下部钢筋应伸至端部后弯折 15d;从梁内边算起水平段长度由设计指定,当设计按铰接时应大于 0.35l_{ab},当充分利用钢筋抗拉强度时应大于 0.6l_{ab}。

4. 板底高差坡度 α 可为 45°或 60°角。

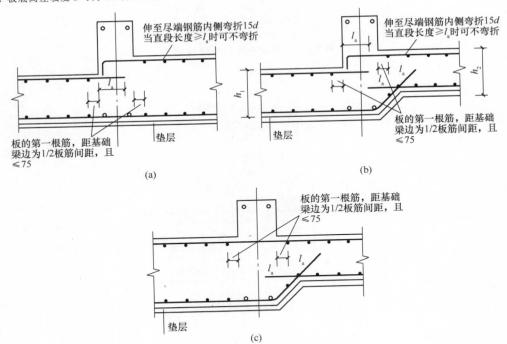

图 3-128 变截面部位钢筋构造

(a)板顶有高差;(b)板顶、板底均有高差;(c)板底有高差

注:1. 基础平板同一层面的交叉纵筋,何向纵筋在下,何向纵筋在上,应按具体设计说明施工。

2. 当梁板式筏形基础平板的变截面形式与本图不同时,其构造应由设计者设计;当要求施工方参照本图构造方式时,应提供相应改动的变更说明。

3. 端部等(变)截面外伸构造中,当从支座内边算起至外伸端头小于 l_a 时,基础平板下部钢筋应伸至端部后弯折 15d;从梁内边算起水平段长度由设计指定,当设计按铰接时应大于 0.35l_{ab},当充分利用钢筋抗拉强度时应大于 0.6l_{ab}。

4. 板底高差坡度 α 可为 45°或 60°角。

四、平板式筏形基础标准构造识图

1. 平板式筏基柱下板带 ZXB 与跨中板带 KZB 纵向钢筋构造

（1）平板式筏基柱下板带 ZXB 纵向钢筋构造如图 3-129 所示。

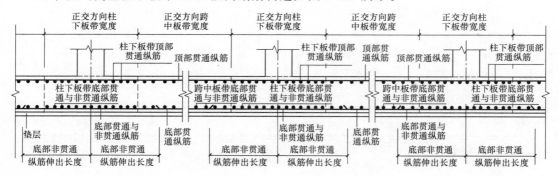

图 3-129　平板式筏基柱下板带 ZXB 纵向钢筋构造

注：1. 不同配置的底部贯通纵筋,应在两毗邻跨中配置较小一跨的跨中连接区域连接(即配置较大一跨的底部贯通纵筋需越过其标注的跨数终点或起点伸至毗邻跨的跨中连接区域)。

2. 底部与顶部贯通纵筋在本图所示连接区内的连接方式,详见纵筋连接通用构造。

3. 柱下板带与跨中板带的底部贯通纵筋,可在跨中 1/3 净跨长度范围内搭接、机械连接或焊接;柱下板带及跨中板带的顶部贯通纵筋,可在柱网轴线附近 1/4 净跨长度范围内采用搭接、机械连接或焊接。

4. 基础平板同一层面的交叉纵筋,何向纵筋在下,何向纵筋在上,应按具体设计说明施工。

（2）平板式筏基跨中板带 KZB 纵向钢筋构造如图 3-130 所示。

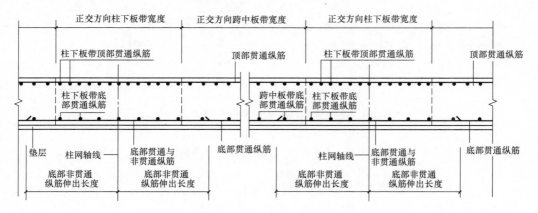

图 3-130　平板式筏基跨中板带 KZB 纵向钢筋构造

注：1. 不同配置的底部贯通纵筋,应在两毗邻跨中配置较小一跨的跨中连接区域连接(即配置较大一跨的底部贯通纵筋需越过其标注的跨数终点或起点伸至毗邻跨的跨中连接区域)。

2. 底部与顶部贯通纵筋在本图所示连接区内的连接方式,详见纵筋连接通用构造。

3. 柱下板带与跨中板带的底部贯通纵筋,可在跨中 1/3 净跨长度范围内搭接、机械连接或焊接;柱下板带及跨中板带的顶部贯通纵筋,可在柱网轴线附近 1/4 净跨长度范围内采用搭接、机械连接或焊接。

4. 基础平板同一层面的交叉纵筋,何向纵筋在下,何向纵筋在上,应按具体设计说明施工。

2. 平板式筏形基础平板 BPB 钢筋构造

平板式筏形基础平板 BPB 钢筋构造如图 3-131 所示。

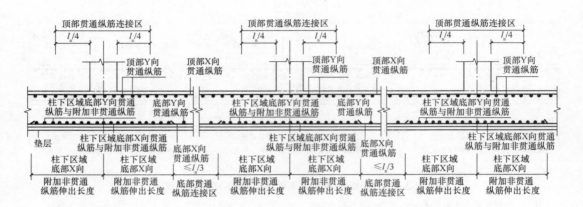

图 3-131 平板式筏形基础平板 BPB 钢筋构造

（a）柱下区域；（b）跨中区域

注：1. 基础平板同一层面的交叉纵筋，何向纵筋在下，何向纵筋在上，直按具体设计说
明施工。

2. 跨中区域的顶部贯通纵筋连接区同柱下区域。

3. 平板式筏形基础平板（ZXB、KZB、BPB）变截面部位钢筋构造。

（1）变截面部位钢筋构造如图 3-132 所示。

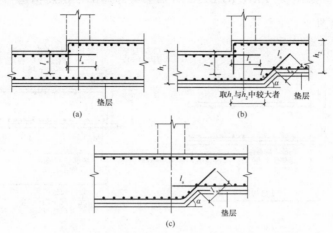

图 3-132 变截面部位钢筋构造

（a）板顶有高差；（b）板顶、板底均有高差；（c）板底有高差

注：1. 本图构造规定适用于设置或未设置柱下板带和跨中板带的板式筏形基础的变截面部位的钢筋构造。

2. 当板式筏形基础平板的变截面形式与本图不同时，其构造应由设计者设计；当要求施工方参照本图构造方式时，应提供相应改动的变更说明。

3. 板底高差坡度 α 可为 45°或 60°角。

4. 中层双向钢筋网直径不宜小于 12 mm，间距不宜大于 300 mm。

（2）变截面部位中层钢筋构造如图 3-133 所示。

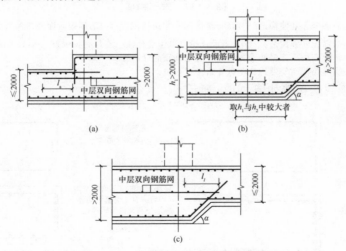

图 3-133 变截面部位中层钢筋构造

（a）板顶有高差；（b）板顶、板底均有高差；（c）板底有高差

注：1. 本图构造规定适用于设置或未设置柱下板带和跨中板带的板式筏形基础的变截面部位的钢筋构造。

2. 当板式筏形基础平板的变截面形式与本图不同时，其构造应由设计者设计；当要求施工方参照本图构造方式时，应提供相应改动的变更说明。

3. 板底高差坡度 α 可为 45°或 60°角。

4. 中层双向钢筋网直径不宜小于 12 mm，间距不宜大于 300 mm。

3. 平板式筏形基础平板(ZXB、KZB、BPB)端部与外伸部位钢筋构造

(1)端部构造如图 3-134 所示。

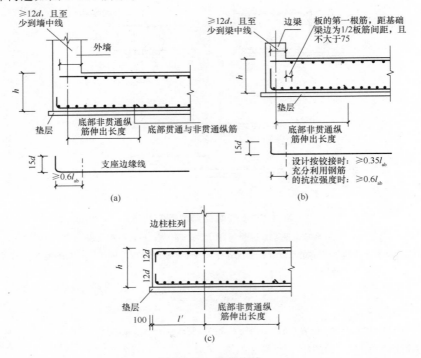

图 3-134 端部构造

(a)端部无外伸构造(一);(b)端部无外伸构造(二);(c)端部等截面外伸构造

注:1. 端部无外伸构造(一)中,当设计指定采用墙外侧纵筋与底板纵筋搭接的做法时,
   基础底板下部钢筋弯折段应伸至基础顶面标高处。

2. 端部等截面外伸构造中板外边缘应封边。

(2)板边缘侧面封边构造如图 3-135 所示。

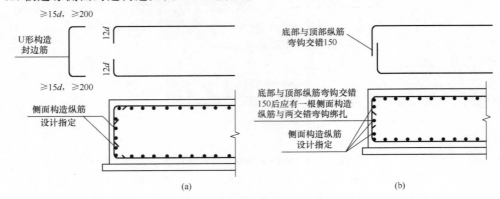

图 3-135 板边缘侧面封边构造

(a)U 形筋构造封边方式;(b)纵筋弯钩交错封边方式

注:1. 外伸部位变截面时侧面构造相同。

2. 板边缘侧面封边构造同样用于基础梁外伸部位,采用何种做法由设计者指定;当
   设计者未指定时,施工单位可根据实际情况自选一种做法。

（3）中层筋端头构造如图 3-136 所示。

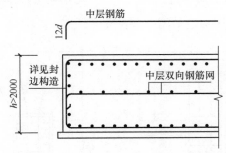

图 3-136　中层筋端头构造

五、桩基承台标准构件识图

1. 矩形承台 CT$_J$ 和 CT$_P$ 配筋构造

矩形承台 CT$_J$ 和 CT$_P$ 配筋构造如图 3-137 所示。

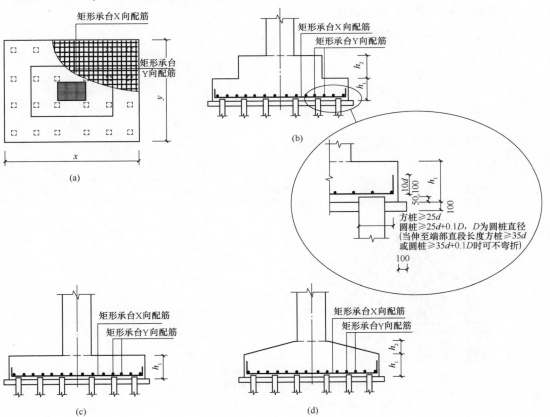

图 3-137　矩形承台配筋构造

（a）矩形承台配筋；（b）阶形截面 CT$_J$；

（c）单阶形截面 CT$_J$；（d）坡形截面 CT$_P$

2. 桩顶纵筋在承台内的锚固构造

桩顶纵筋在承台内的锚固构造如图 3-138 所示。

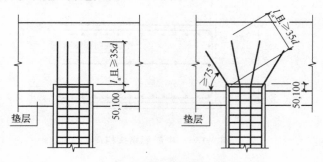

图 3-138 桩顶纵筋在承台内的锚固构造

注：当桩直径或桩截面边长小于 800 mm 时，桩顶嵌入承台 50 mm；当桩径或
桩截面边长不小于 800 mm 时，桩顶嵌入承台 100 mm。

3. 等边三桩承台 CT_J 配筋构造

等边三桩承台 CT_J 配筋构造如图 3-139 所示。

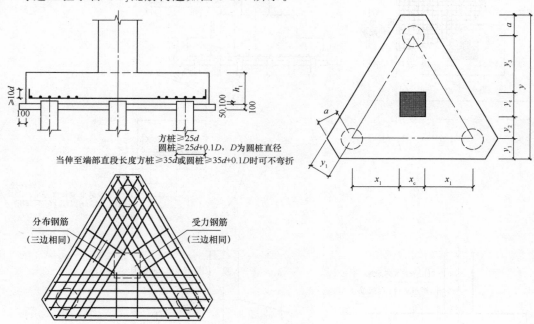

图 3-139 等边三桩承台 CT_J 配筋构造

注：1. 当桩直径或桩截面边长小于 800 mm 时，桩顶嵌入承台 50 mm；当桩径或桩
截面边长不小于 800 mm 时，桩顶嵌入承台 100 mm。

2. 几何尺寸和配筋按具体结构设计和本图构造确定。等边三桩承台受力钢筋
以"Δ"打头注写"各边受力钢筋×3"。

4. 等腰三桩承台 CT_J 配筋构造

等腰三桩承台 CT_J 配筋构造如图 3-140 所示。

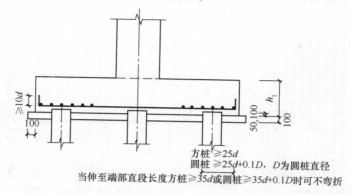

方桩 $\geqslant 25d$
圆桩 $\geqslant 25d+0.1D$，D 为圆桩直径

当伸至端部直段长度方桩 $\geqslant 35d$ 或圆桩 $\geqslant 35d+0.1D$ 时可不弯折

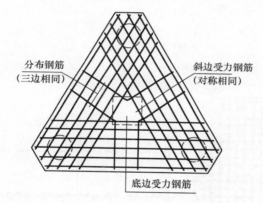

分布钢筋
（三边相同）

斜边受力钢筋
（对称相同）

底边受力钢筋

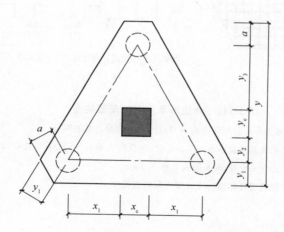

图 3-140　等腰三桩承台 CT_J 配筋构造

注：1. 当桩直径或桩截面边长小于 800 mm 时，桩顶嵌入承台 50 mm；当桩径
或桩截面边长不小于 800 mm 时，桩顶嵌入承台 100 mm。

2. 几何尺寸和配筋按具体结构设计和本图构造确定。等腰三桩承台受力
钢筋以"Δ"打头注写"底边受力钢筋＋对称等腰斜边受力钢筋并×2"。

5. 六边形承台CT₂配筋构造

六边形承台CT₂配筋构造如图 3-141 所示。

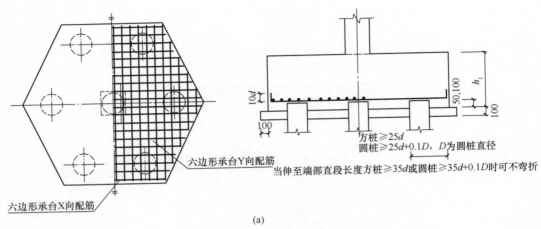

(a)

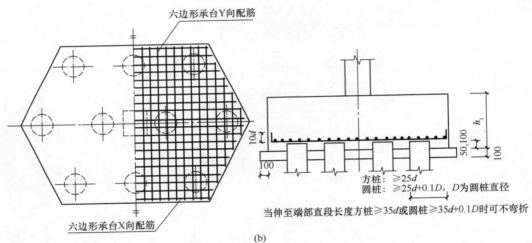

(b)

图 3-141 六边形承台 CT₂配筋构造

(a)六边形承台配筋构造(一);(b)六边形承台配筋构造(二)

注:1. 当桩直径或桩截面边长小于 800 mm 时,桩顶嵌入承台 50 mm;当桩径或桩截面
边长不小于 800 mm 时,桩顶嵌入承台 100 mm。

2. 几何尺寸和配筋按具体结构设计和本图构造确定。

6. 上柱墩 SZD 构造(棱台与棱柱形)

上柱墩 SZD 构造(棱台与棱柱形)如图 3-142 所示。

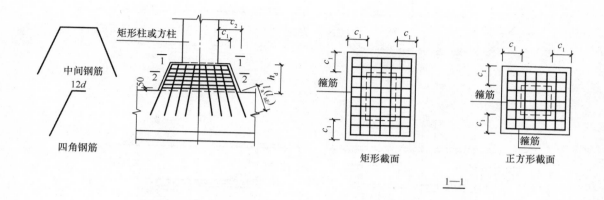

(a)

(b)

图 3-142　上柱墩 SZD 构造
(a)棱台状上柱墩 SZD；(b)棱柱状上柱墩 SZD

7. 下柱墩 XZD 构造（倒棱台与倒棱柱形）

下柱墩 XZD 构造（倒棱台与倒棱柱形）如图 3-143 所示。

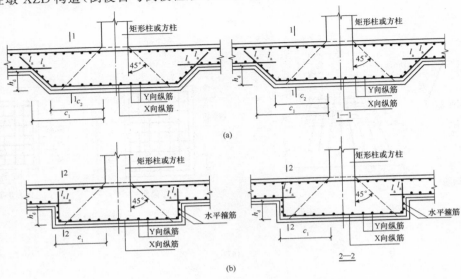

图 3-143 基础平板下柱墩 XZD

（a）柱墩为倒棱台形；（b）柱墩为倒棱柱形

注：当纵筋直锚长度不足时，可伸至基础平板顶之后水平弯折。

第六节 楼梯的识图方法

1. AT 楼梯标准构造识图

（1）AT 型楼梯截面形状与支座位置如图 3-144 所示。

（2）AT 型楼梯平面注写方式与适用条件。

①AT 型楼梯的适用条件为：两梯梁之间的矩形梯板全部由踏步段构成，即踏步段两端均以梯梁为支座。凡是满足该条件的楼梯均可为 AT 型，如双跑楼梯（见图 3-145）、双分平行楼梯（见图 3-146）、剪刀楼梯（无层间平台板）（见图 3-147）和剪刀楼梯（见图 3-148）。

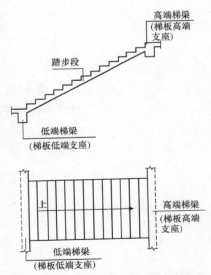

图 3-144 AT 型楼梯截面形状与支座位置

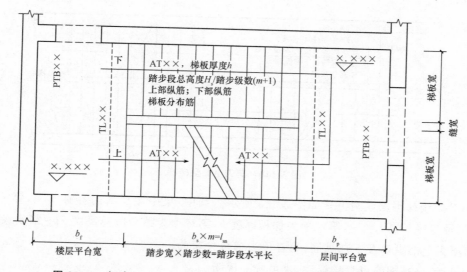

图 3-145 标高×.×××~标高×.×××AT 型楼梯平面图注写方式

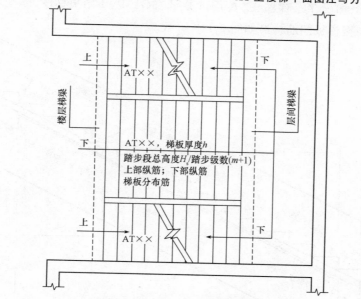

图 3-146 双分平行 AT 型楼梯

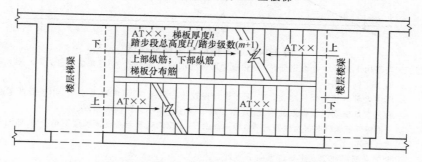

图 3-147 剪刀 AT 型楼梯（无层间平台板）

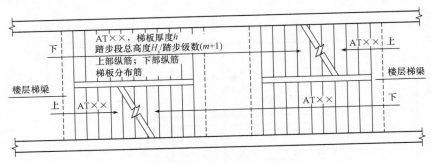

图 3-148 剪刀 AT 型楼梯

②AT 型楼梯平面注写方式如图 3-145 所示。其中:集中注写的内容有 5 项,第一项为梯板类型代号与序号 AT××,第二项为梯板厚度 h,第三项为踏步段总高度 H_s/踏步级数($m+$ 1),第四项为上部纵筋及下部纵筋,第五项为梯板分布筋。

③梯板的分布钢筋可直接标注,也可统一说明。

④平台板 PTB、梯梁 TL、梯柱 TZ 配筋可参照 16G101－1 图集标注。

(3)AT 型楼梯板配筋构造如图 3-149 所示。

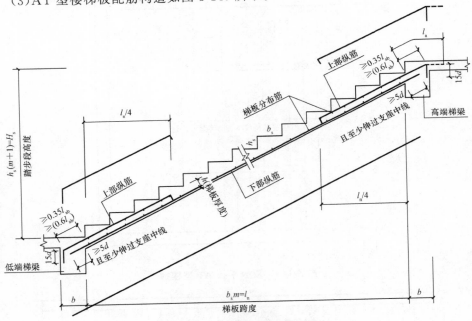

图 3-149 AT 型楼梯板配筋构造

注:1. 当采用 HPB300 光面钢筋时,除梯板上部纵筋的跨内端头做 90°直角弯钩外,所有末端应做 180°的弯钩。

2. 图中上部纵筋锚固长度 $0.35l_{ab}$ 用于设计按铰接的情况,括号内数据 $0.6l_{ab}$ 用于设计考虑充分发挥钢筋抗拉强度的情况,具体工程中设计应指明采用何种情况。

3. 上部纵筋有条件时可直接伸入平台板内锚固,从支座内边算起总锚固长度不小于 l_a,如图中虚线所示。

4. 上部纵筋需伸至支座对边再向下弯折。

2. BT 型楼梯标准构造识图

（1）BT 型楼梯截面形状与支座位置如图 3-150 所示。

（2）BT 型楼梯平面注写方式与适用条件。

①BT 型楼梯的适用条件为：两梯梁之间的矩形梯板由低端平板和踏步段构成，两部分的一端各自以梯梁为支座。凡是满足该条件的楼梯均可为 BT 型，如双跑楼梯（见图 3-151）、双分平行楼梯（见图 3-152）、剪刀楼梯（无层间平台板）（见图 3-153）和剪刀楼梯（见图 3-154）。

②BT 型楼梯平面注写方式如图 3-151 所示。其中：集中注写的内容有 5 项，第一项为梯板类型代号与序号 BT××，第二项为梯板厚度 h，第三项为踏步段总高度 H_s/踏步级数（$m+$1），第四项为上部纵筋及下部纵筋，第五项为梯板分布筋。

③梯板的分布钢筋可直接标注，也可统一说明。

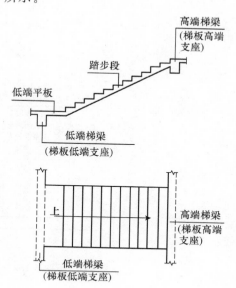

图 3-150　BT 型楼梯截面形状与支座位置

④平台板 PTB、梯梁 TL、梯柱 TZ 配筋可参照 16G101－1 图集标注。

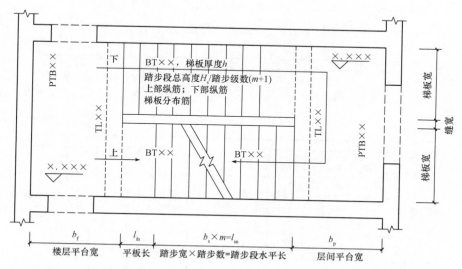

图 3-151　标高×.×××～标高×.×××BT 型楼梯平面图注写方式

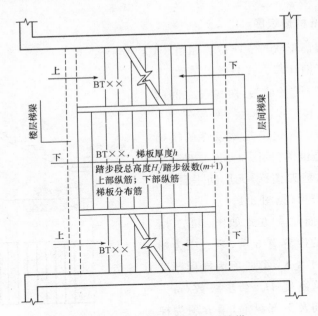

图 3-152　双分平行 BT 型楼梯

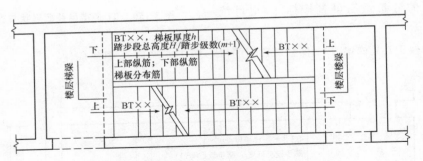

图 3-153　剪刀 BT 型楼梯(无层间平台板)

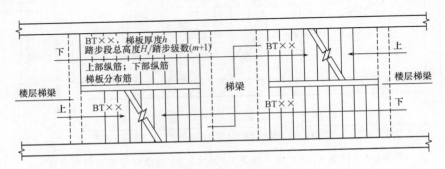

图 3-154　剪刀 BT 型楼梯

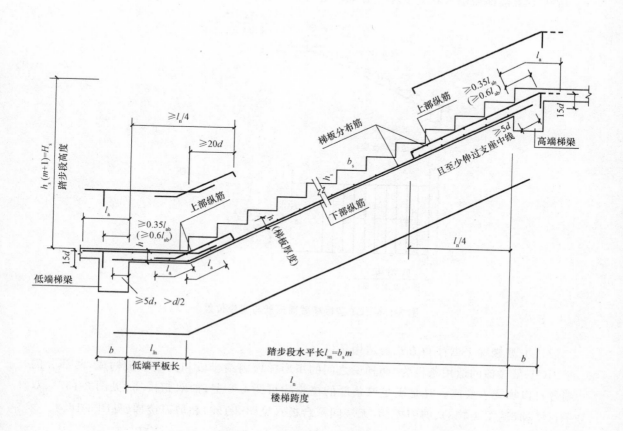

（3）BT型楼梯板配筋构造如图3-155所示。

图 3-155　BT 型楼梯板配筋构造

注：1. 当采用 HPB300 光面钢筋时，除梯板上部纵筋的跨内端头做 90°直角弯钩外，所有末端应做 180°的弯钩。

2. 图中上部纵筋锚固长度 $0.35l_{ab}$ 用于按铰接的情况设计，括号内数据 $0.6l_{ab}$ 用于设计考虑充分发挥钢筋抗拉强度的情况，具体工程中设计应指明采用何种情况。

3. 上部纵筋有条件时可直接伸入平台板内锚固，从支座内边算起总锚固长度不小于 l_a，如图中虚线所示。

4. 上部纵筋需伸至支座对边再向下弯折。

3. CT 型楼梯标准构造识图

(1)CT 型楼梯截面形状与支座位置如图 3-156 所示。

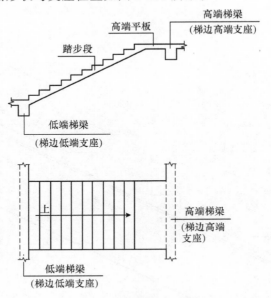

图 3-156　CT 型楼梯截面形状与支座位置

(2)CT 型楼梯平面注写方式与适用条件。

①CT 型楼梯的适用条件为:两梯梁之间的矩形梯板由踏步段和高端平板构成,两部分的一端各自以梯梁为支座。凡是满足该条件的楼梯均可为 CT 型,如双跑楼梯(见图 3-157)、双分平行楼梯(见图 3-158)、剪刀楼梯(无层间平台板)(见图 3-159)和剪刀楼梯(见图 3-160)。

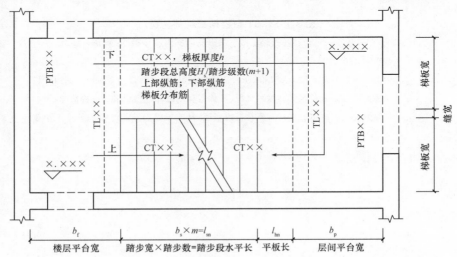

图 3-157　标高×.×××～标高×.×××CT 型楼梯平面图注写方式

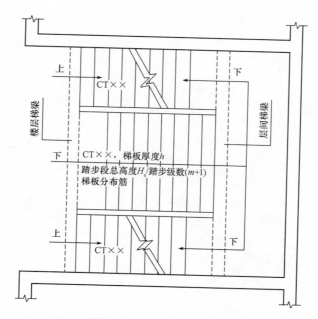

图 3-158 双分平行楼梯

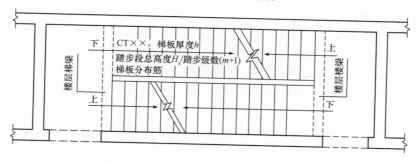

图 3-159 剪力 CT 型楼梯（无层间平台板）

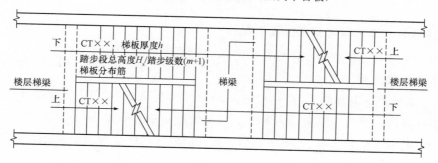

图 3-160 剪刀 CT 型楼梯

②CT 型楼梯平面注写方式如图 3-157 所示。其中集中注写的内容有 5 项，第一项为梯板类型代号与序号 CT××，第二项为梯板厚度 h，第三项为踏步段总高度 H_s/踏步级数 $(m+1)$，第四项为上部纵筋及下部纵筋，第五项为梯板分布筋。

③梯板的分布钢筋可直接标注，也可统一说明。

④平台板 PTB、梯梁 TL、梯柱 TZ 配筋可参照 16G101－1 图集标注。

(3)CT 型楼梯板配筋构造如图 3-161 所示。

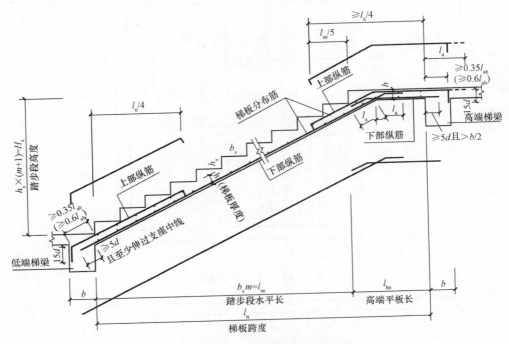

图 3-161　CT 型楼梯板配筋构造

注:1. 当采用 HPB300 光面钢筋时,除梯板上部纵筋的跨内端头做 90°直角弯钩外,所有末端应做 180°的弯钩。

　　2. 图中上部纵筋锚固长度 $0.35l_{ab}$ 用于设计按铰接的情况,括号内数据 $0.6l_{ab}$ 用于设计考虑充分发挥钢筋抗拉强度的情况,具体工程中设计应指明采用何种情况。

　　3. 上部纵筋有条件时可直接伸入平台板内锚固,从支座内边算起总锚固长度应不小于 l_a,如图中虚线所示。

　　4. 上部纵筋需伸至支座对边再向下弯折。

4. DT 型楼梯截面形状与支座位置示意

(1)DT 型楼梯截面形状与支座位置如图 3-162 所示。

(2)DT 型楼梯平面注写方式与适用条件。

①DT 型楼梯的适用条件为:两梯梁之间的矩形梯板由低端平板、踏步段和高端平板构成,高、低端平板的一端各自以梯梁为支座。凡是满足该条件的楼梯均可为 DT 型,如双跑楼梯(见图 3-163)、双分平行楼梯(见图 3-164)、剪刀楼梯(无层间平台板)(见图 3-165)和剪刀楼梯(见图 3-166)。

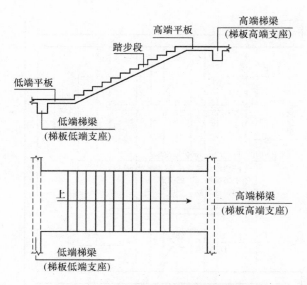

图 3-162 DT 型楼梯截面形状与支座位置

②DT 型楼梯平面注写方式如图 3-163 所示。其中集中注写的内容有 5 项,第一项为梯板类型代号与序号 DT××,第二项为梯板厚度 h,第三项为踏步段总高度 H_s/踏步级数($m+1$),第四项为上部纵筋及下部纵筋,第五项为梯板分布筋。

③梯板的分布钢筋可直接标注,也可统一说明。

④平台板 PTB、梯梁 TL、梯柱 TZ 配筋可参照 16G101－1 图集标注。

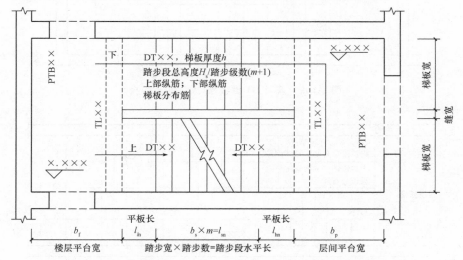

图 3-163 标高×.×××～标高×.×××DT 型楼梯平面图

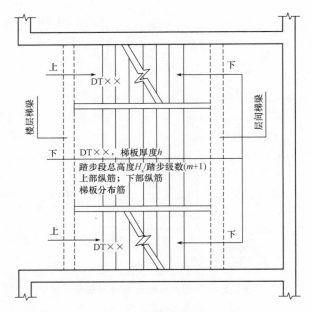

图 3-164 双分平行 DT 型楼梯

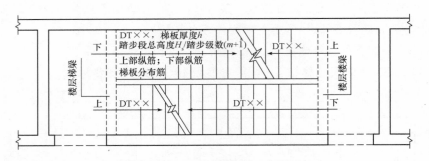

图 3-165 剪刀 DT 型楼楼（无层间平台板）

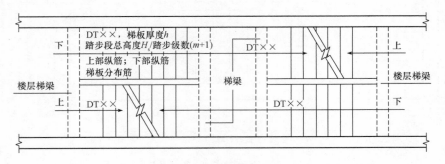

图 3-166 剪刀 DT 型楼梯

（3）DT 型楼梯板配筋构造如图 3-167 所示。

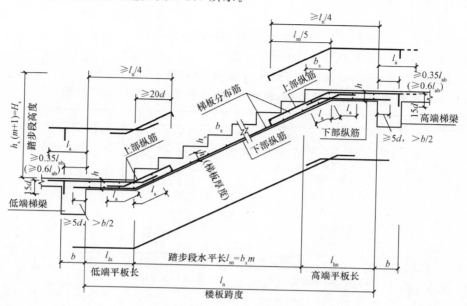

图 3-167 DT 型楼梯板配筋构造

注：1. 当采用 HPB300 光面钢筋时，除梯板上部纵筋的跨内端头做 90°直角弯钩外，所有末端应做 180°的弯钩。

2. 图中上部纵筋锚固长度 $0.35l_{ab}$ 用于设计按铰接的情况，括号内数据 $0.6l_{ab}$ 用于设计考虑充分发挥钢筋抗拉强度的情况，具体工程中设计应指明采用何种情况。

3. 上部纵筋有条件时可直接伸入平台板内锚固，从支座内边算起总锚固长度不小于 l_a，如图中虚线所示。

4. 上部纵筋需伸至支座对边再向下弯折。

5. ET 型楼梯标准构造识图

（1）ET 型楼梯截面形状与支座位置如图 3-168 所示。

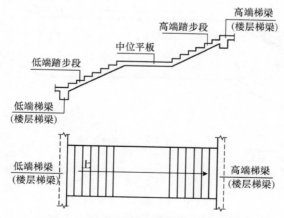

图 3-168 ET 型楼梯截面形状与支座位置

（2）ET 型楼梯平面注写方式与适用条件。

①ET 型楼梯的适用条件为：两梯梁之间的矩形梯板由低端踏步段、中位平板和高端踏步段构成，高、低端踏步段的一端各自以梯梁为支座。凡是满足该条件的楼梯均可为 ET 型。

②ET 型楼梯平面注写方式如图 3-169 所示。其中集中注写的内容有 5 项,第一项为梯板类型代号与序号 ET××,第二项为梯板厚度 h,第三项为踏步段总高度 H_s/踏步级数(m_1+m_h+2),第四项为上部纵筋及下部纵筋,第五项为梯板分布筋。

③梯板的分布钢筋可直接标注,也可统一说明。

④平台板 PTB、梯梁 TL、梯柱 TZ 配筋可参照 16G101 − 1 图集标注。

⑤ET 型楼梯为楼层间的单跑楼梯,跨度较大,一般情况下均应双层配筋。

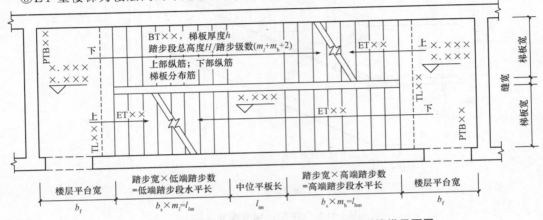

图 3-169　标高×.×××～标高×.×××ET 型楼梯平面图

(3)ET 型楼梯板配筋构造如图 3-170 所示。

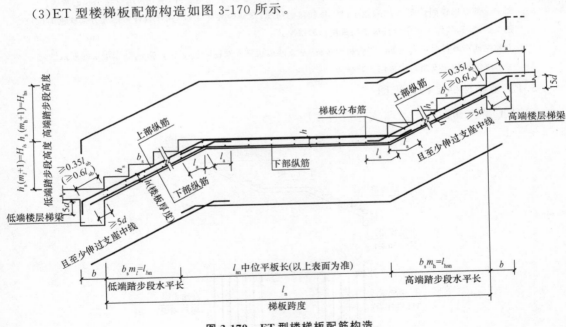

图 3-170　ET 型楼梯板配筋构造

注:1. 当采用 HPB300 光面钢筋时,除梯板上部纵筋的跨内端头做 90°直角弯钩外,所有末端应做 180°的弯钩。

　　2. 图中上部纵筋锚固长度 $0.35l_{ab}$ 用于设计按铰接的情况,括号内数据 $0.6l_{ab}$ 用于设计考虑充分发挥钢筋抗拉强度的情况,具体工程中设计应指明采用何种情况。

　　3. 上部纵筋有条件时可直接伸入平台板内锚固,从支座内边算起总锚固长度不小于 l_a,如图中虚线所示。

　　4. 上部纵筋需伸至支座对边再向下弯折。

6. FT 型楼梯标准构造识图

(1)FT 型楼梯截面形状与支座位置如图 3-171 所示。

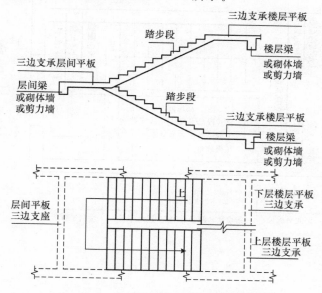

图 3-171　FT 型楼梯截面形状与支座位置

（有层间和楼层平台板的双跑楼梯）

(2)FT 型楼梯平面注写方式与适用条件。

①FT 型楼梯适用条件：

a. 矩形楼梯板由楼层板、两跑踏步段与层间平板三部分构成，楼梯间内不设置梯梁。

b. 楼层平板及层间平板均采用三边支承，另一边与踏步段相连。

c. 同一楼层内各踏步段的水平长相等，高度相等（即等分楼层高度）。凡是满足以上条件的可为 FT 型，如双跑楼梯（见图 3-172）。

②FT 型楼梯平面注写方式如图 3-172 所示。其中集中注写的内容有 5 项：第一项梯板类型代号与序号 FT××；第二项梯板厚度 h，当平板厚度与梯板厚度不同时，可在梯板厚后面括号内以字母 P 打头注写平板厚；第三项踏步段总高度 H_s/踏步级数$(m+1)$；第四项梯板上部纵筋及下部纵筋；第五项梯板分布筋（梯板分布配筋也可在平面图中注写或统一说明）。原位注写的内容为楼层与层间平板上部横向配筋与外伸长度。当平板上部横向配筋贯通配置时，仅需在一侧支座标注，并加注"通长"二字，对面一侧支座不注。

③图 3-172 中的剖面符号仅为表示下面配筋构造图的表达部位而设，在结构设计施工图中不需要绘制剖面符号及详图。

(3)FT 型楼梯板配筋构造如图 3-173、图 3-174 所示。

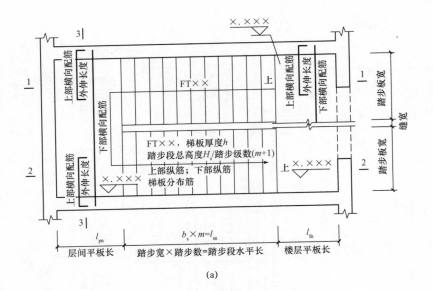

(a)

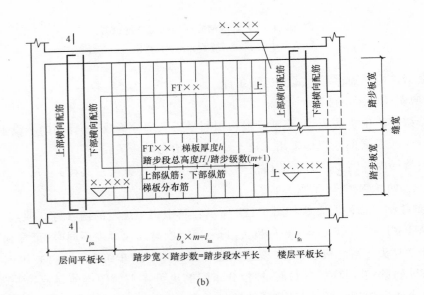

(b)

图 3-172 标高×.×××~标高×.×××FT 型楼梯平面图

(a)注写方式一;(b)注写方式二

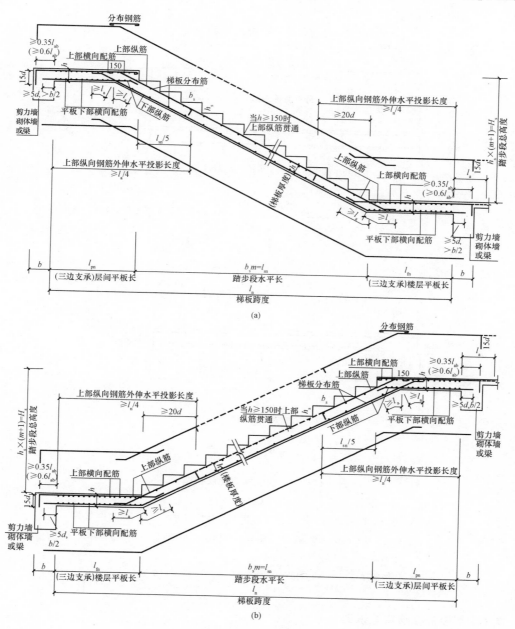

图 3-173 FT 型楼梯板配筋构造（一）

（a）A—A；（b）B—B

注：1. 楼层平板和层间平板均为三边支承。

2. 当采用 HPB300 光面钢筋时，除梯板上部纵筋的跨内端头做 90°直角弯钩外，所有末端应做 180°的弯钩。

3. 图中上部纵筋锚固长度 $0.35l_{ab}$ 用于设计按铰接的情况，括号内数据 $0.6l_{ab}$ 用于设计考虑充分发挥钢筋抗拉强度的情况，具体工程中设计应指明采用何种情况。

4. 上部纵筋有条件时可直接伸入平台板内锚固，从支座内边算起总锚固长度不小于 l_a，如图中虚线所示。

5. 上部纵筋需伸至支座对边再向下弯折。

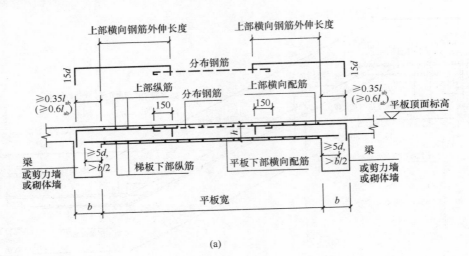

(a)

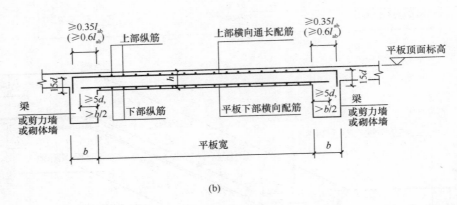

(b)

图 3-174　FT 型楼梯板配筋构造（二）

(a)C−C;(b)D−D

注:1. 图中上部纵筋锚固长度 $0.35l_{ab}$ 用于设计按铰接的情况,括号内数据 $0.6l_{ab}$ 用于设计考虑充分发挥钢筋抗拉强度的情况,具体工程中设计应指明采用何种情况。

　　2. 本图同样可用于 GT、HT 型楼梯。

7. GT 型楼梯标准构造识图

(1)GT 型楼梯截面形状与支座位置如图 3-175 所示。

(2)GT 型楼梯平面注写方式与适用条件。

①GT 型楼梯适用条件:

a. 楼梯间内不设置梯梁,矩形梯板由楼层平板、两跑踏步段与层间平板三部分构成。

b. 楼层平板采用三边支承,另一边与踏步段的一端相连;层间平板采用单边支承,对边与踏步段的另一端相连,另外两相对侧边为自由边。

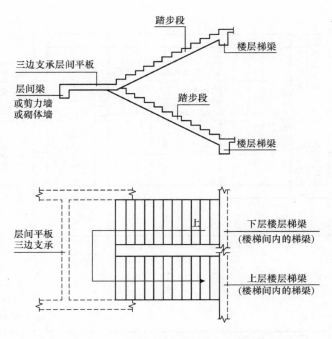

图 3-175　GT 型楼梯截面形状与支座位置

（有层间平台板的双跑楼梯）

c. 同一楼层内各踏步段的水平长度相等,高度相等(即等分楼层高度)。

凡是满足以上条件的可为 GT 型,如双跑楼梯(见图 3-176)、双分楼梯等。

②GT 型楼梯平面注写方式如图 3-176 所示,其中集中注写的内容有 5 项:第一项梯板类型代号与序号 GT××;第二项梯板厚度 h,当平板厚度与梯板厚度不同时,可在梯板厚度后面括号内以字母 P 打头注写平板厚;第三项踏步段总高度 H_s/踏步级数$(m+1)$;第四项梯板上部纵筋及下部纵筋;第五项梯板分布筋(梯板分布钢筋也可在平面图中注写或统一说明)。原位注写的内容为楼层与层间平板上部纵向与横向配筋,横向配筋的外伸长度。当平板上部横向钢筋贯通配置时,仅需在一侧支座标注,并加注"通长"二字,对面一侧支座不注。

③图 3-176 中的剖面符号仅为表示构造详图的表达部位而设,在结构设计施工图中不需要绘制剖面符号及详图。

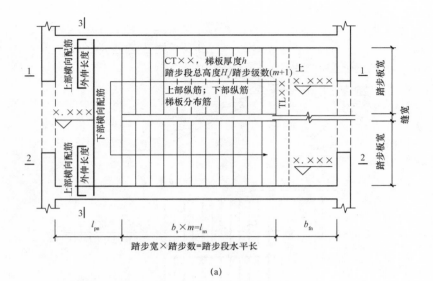

图 3-176　标高×.×××~标高×.×××楼梯平面图

（a）注写方式（一）；（b）注写方式（二）

（3）GT 型楼梯板配筋构造如图 3-177 所示。

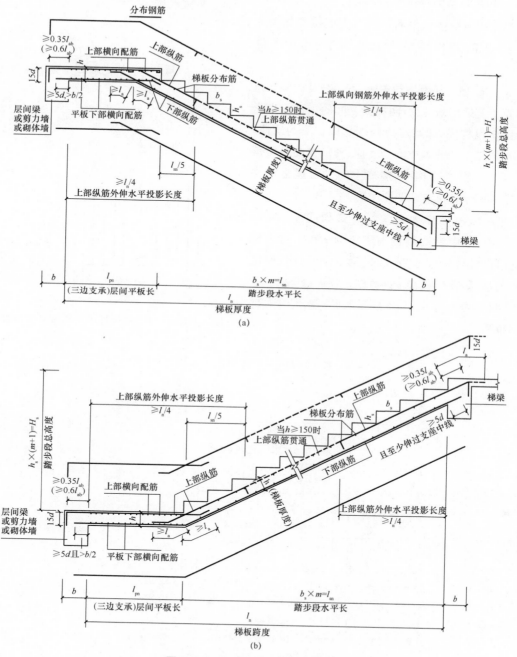

图 3-177　GT 型楼梯板配筋构造
(a)A—A；(b)B—B

注：1. 楼层平板为三边支承，层间平板为单边支承。
　　2. 当采用 HPB300 光面钢筋时，除梯板上部纵筋的跨内端头应做 90°直角弯钩外，所有末端应做 180°的弯钩。
　　3. 图中上部纵筋锚固长度 $0.35l_{ab}$ 用于设计按铰接的情况，括号内数据 $0.6l_{ab}$ 用于设计考虑充分发挥钢筋抗拉强度的情况，具体工程中设计应指明采用何种情况。
　　4. 上部纵筋有条件时可直接伸入平台板内锚固，从支座内边算起总锚固长度不小于 l_a，如图中虚线所示。
　　5. 上部纵筋需伸至支座对边再向下弯折。

8. ATa 型楼梯标准构造识图

(1) ATa 型楼梯截面形状与支座位置如图 3-178 所示。

(2) ATa 型楼梯平面注写方式与适用条件如下。

① ATa 型楼梯设滑动支座,不参与结构整体抗震计算。其适用条件为:两梯梁之间的矩形梯板全部由踏步段构成,即踏步段两端均以梯梁为支座,且梯板低端支承处做成滑动支座,滑动支座直接落在梯梁上。框架结构中,楼梯中间平台通常设梯柱、梁,中间平台可与框架柱连接。

② ATa 型楼梯平面注写方式如图 3-179 所示。其中,集中注写的内容有 5 项:第一项为梯板类型代号与序号 ATa××;第二项为梯板厚度 h;第三项为踏步段总高度 H_s/踏步级数($m+$ 1);第四项为上部纵筋及下部纵筋;第五项为梯板分布筋。

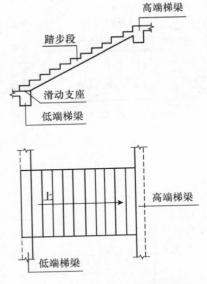

图 3-178　ATa 型楼梯截面形状与支座位置

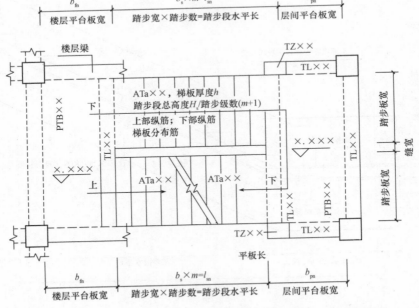

图 3-179　标高×.×××～标高×.×××ATa 型楼梯平面图

③ 梯板的分布钢筋可直接标注,也可统一说明。

④ 平台板 PTB、楼梯 TL、梯柱 TZ 配筋可参照 16G101－1 图集标注。

⑤ 设计应注意,当 ATa 作为双跑楼梯中的一跑时,上下梯段平面位置错开一个踏步宽。

⑥滑动支座做法由设计指定,当采用与 16G101-2 图集不同的做法时,由设计另行给出。滑动支座构造如图 3-180 所示。

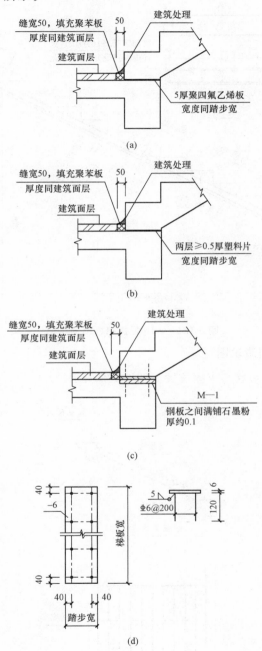

图 3-180 ATa 型楼梯滑动支座构造

(a)聚四氟乙烯垫板;(b)塑料片;(c)预埋钢板;(d)M-1

（3）ATa 型楼梯板配筋构造如图 3-181 所示。

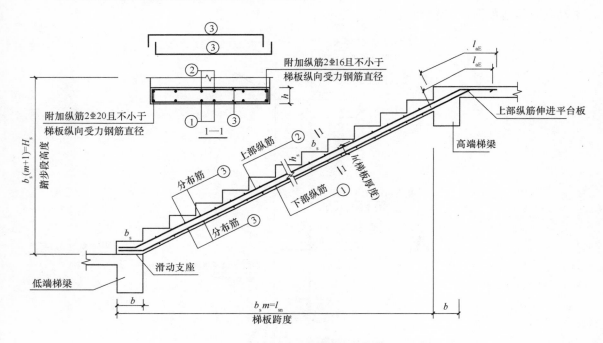

图 3-181　ATa 型楼梯板配筋构造

9. ATb 型楼梯标准构造识图

（1）ATb 型楼梯截面形状与支座位置如图 3-182 所示。

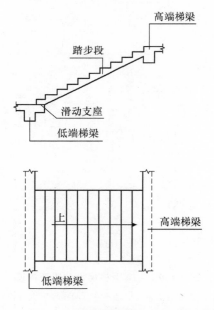

图 3-182　ATb 型楼梯截面形状与支座位置

（2）ATb 型楼梯平面注写方式与适用条件。

①ATb 型楼梯设滑动支座，不参与结构整体抗震计算。其适用条件为：两梯梁之间的矩形梯板全部由踏步段构成，即踏步段两端均以梯梁为支座，且梯板低端支承处做成滑动支座，滑动支座直接落在梯梁上。框架结构中，楼梯中间平台通常设梯柱、梁，中间平台可与框架柱连接。

②ATb 型楼梯平面注写方式如图 3-183 所示。其中，集中注写的内容有 5 项：第一项为梯板类型代号与序号 ATb××；第二项为梯板厚度 h；第三项为踏步段总高度 H_s/踏步级数 $(m+1)$；第四项为上部纵筋及下部纵筋；第五项为梯板分布筋。

③梯板的分布钢筋可直接标注，也可统一说明。

④平台板 PTB、楼梯 TL、梯柱 TZ 配筋可参照 16G101－1 图集标注。

⑤设计应注意，当 ATb 作为双跑楼梯中的一跑时，上下梯段平面位置错开一个踏步宽。

⑥滑动支座做法由设计指定，当采用与 16G101－2 图集不同的做法时，由设计另行给出。滑动支座构造如图 3-184 所示。

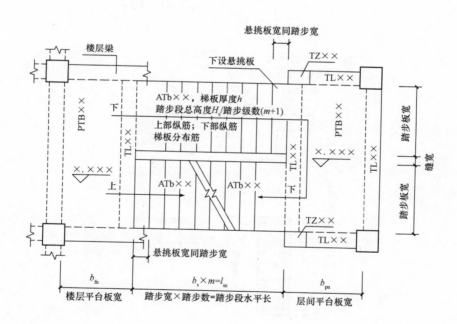

图 3-183　标高×.×××～标高×.×××ATb 型楼梯平面图

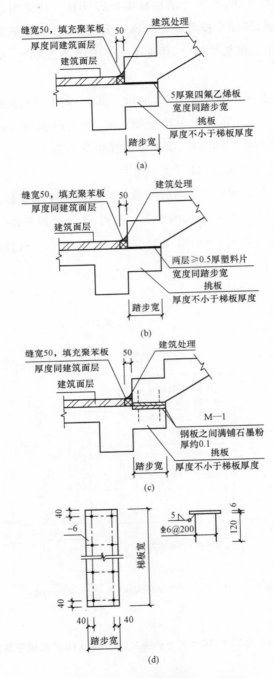

图 3-184 ATb 型楼梯滑动支座构造

(a)聚四氟乙烯垫板;(b)塑料片;(c)预埋钢板;(d)M—1

（3）ATb 型楼梯板配筋构造如图 3-185 所示。

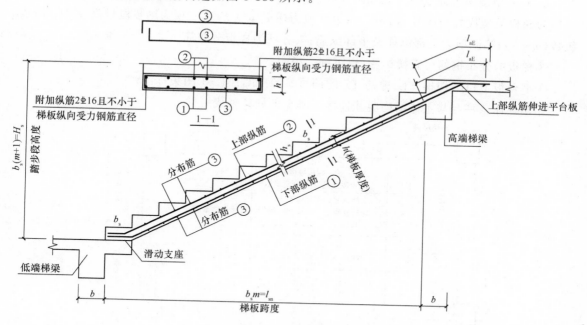

图 3-185　ATb 型楼梯板配筋构造

10. ATc 型楼梯标准构造识图

（1）ATc 型楼梯截面形状与支座位置如图 3-186 所示。

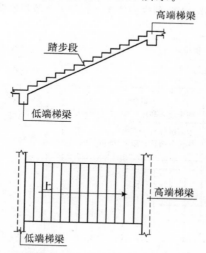

图 3-186　ATc 型楼梯截面形状与支座位置

（2）ATc 型楼梯平面注写方式与适用条件。

①ATc 型楼梯用于抗震设计，其适用条件为：两梯梁之间的矩形梯板全部由踏步段构成，即踏步段两端均以梯梁为支座。框架结构中，楼梯中间平台通常设梯板、梯梁，中间平台可与框架连接（2 个梯柱形式）或脱开（4 个梯柱形式），如图 3-187、图 3-188 所示。

②ATc 型楼梯平面注写方式如图 3-187、图 3-188 所示。其中,集中注写的内容有 5 项:第一项为梯板类型代号与序号 ATc××;第二项为梯板厚度 h;第三项为踏步段总高度 H_s/踏步级数($m+1$);第四项为上部纵筋及下部纵筋;第五项为梯板分布筋。

③梯板的分布钢筋可直接标注,也可统一说明。

④平台板 PTB、楼梯 TL、梯柱 TZ 配筋可参照 16G101－1 图集标注。

⑤楼梯休息平台与主体结构脱开连接可避免框架柱形成短柱。

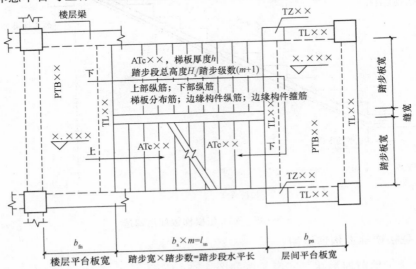

图 3-187　ATc 型楼梯休息平台与主体结构整体连接

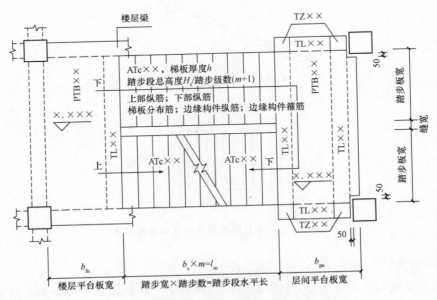

图 3-188　ATc 型楼梯休息平台与主体结构脱开连接

（3）ATc 型楼梯板配筋构造如图 3-189 所示。

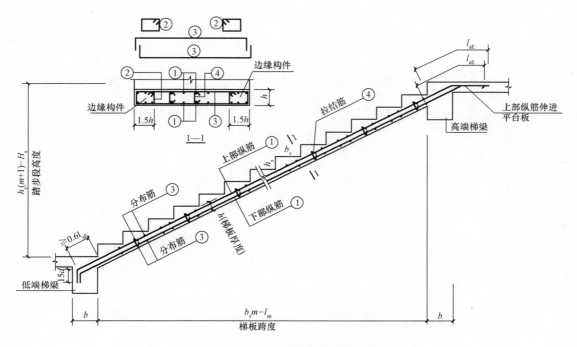

图 3-189　ATc 型楼梯板配筋构造

11. 不同踏步位置推高与高度减小构造

不同踏步位置推高与高度减小构造如图 3-190 所示。

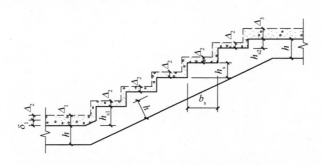

图 3-190　不同踏步位置推高与高度减小构造

δ_1—第一级与中间各级踏步整体竖向推高值；h_{s1}—第一级（推高后）踏步的结构高度；h_{s2}—最上一级（减小后）踏步的结构高度；
Δ_1—第一级踏步根部面层厚度；Δ_2—中间各级踏步的面层厚度；Δ_3—最上一级踏步（板）面层厚度
注：由于踏步段上下两端板的建筑面层厚度不同，为使面层完工后各级踏步等高等宽，必须减
小最上一级踏步的高度并将其余踏步整体斜向推高，整体推高的（垂直）高度值 $\delta_1=\Delta_1-$
Δ_2，高度减小后的最上一级踏步高度 $h_{s2}=h_s-(\Delta_3-\Delta_2)$。

12. 各型楼梯第一跑与基础连接构造

各型楼梯第一跑与基础连接构造如图 3-191 所示。

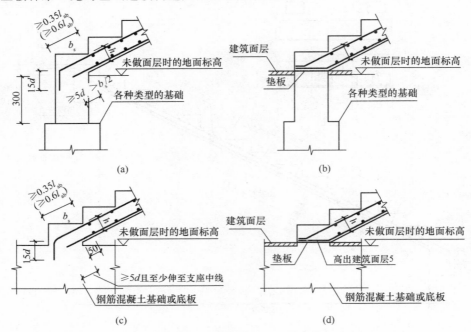

图 3-191 各型楼梯第一跑与基础连接构造

(a)连接构造(一);(b)连接构造(二);(c)连接构造(三);(d)连接构造(四)

注:1.(b)、(d)用于滑动支座;

2. 当梯板型号为 ATc 时,l_{ab} 应改为 l_{abE},下部纵筋锚固要求同上部纵筋。

第四章 平法识图示例

第一节 柱的识图示例

1. 柱平法施工图列表注写方式示例

箍筋的类型如图 4-1 所示。其中类型 1、5 的箍筋肢数可有多种组合，图 4-1 中列出 5×4 的组合，其余类型为固定形式，在表中只注类型号即可。

柱平法施工图列表注写方式示例如图 4-2 所示。

2. 柱平法施工图截面注写方式示例

柱平法施工图截面注写方式示例如图 4-3 所示。

图 4-4、图 4-5 为用截面注写方式表达的××工程柱平法施工图。各柱平面位置如图 4-4 所示，截面尺寸和配筋情况如图 4-5 所示。

图 4-4 为柱平法施工图，绘制比例为 1：100。轴线编号及其间距尺寸与建筑图、基础平面布置图一致。该柱平法施工图中的柱包含框架柱和框支柱，共有 4 种编号，其中框架柱 1 种，框支柱 3 种。柱的要求见表 4-1。

本工程的结构构件抗震等级：转换层以下框架为二级，一、二层剪力墙及转换层以上两层剪力墙，抗震等级为三级，以上各层抗震等级为四级。

根据《混凝土结构设计规范（2015 年版）》（GB 50010—2010）和 16G101 图集，考虑抗震要求框架柱和框支柱上、下两端箍筋应加密。箍筋加密区长度为，基础顶面以上底层柱根加密区长度不小于底层净高的 1/3；其他柱端加密区长度应取柱截面长边尺寸、柱净高的 1/6 和 500 mm 中的最大值；刚性地面上、下各 500 mm 的高度范围内箍筋加密。因为是二级抗震等级，根据《混凝土结构设计规范》（2015 年版）（GB 50010—2010），角柱应沿柱全高加密箍筋。

柱纵向钢筋的连接可以采用绑扎搭接和焊接连接，框支柱宜采用机械连接，连接一般设在非箍筋加密区。抗震等级为二级、C30 混凝土时的 l_{aE} 为 $34d$。框支柱在三层墙体范围内的纵向钢筋应伸入三层墙体内至三层天棚顶，其余框支柱和框架柱，KZ1 钢筋按 16G101－1 图集锚入梁板内。本工程柱外侧纵向钢筋配筋率不大于 1.2%，且混凝土强度等级不小于 C20，板厚不小于 80 mm。

第二节　剪力墙的识图示例

1. 剪力墙平法施工图列表注写方式示例

剪力墙平法施工图列表注写方式示例如图 4-6 所示。

2. 剪力墙平法施工图截面注写方式示例

剪力墙平法施工图截面注写方式示例如图 4-7 所示。

3. 地下室外墙平法施工图注写示例

地下室外墙平法施工图注写示例如图 4-8 所示。

第三节　梁的识图示例

1. 梁平法施工图列表注写方式示例

梁平法施工图列表注写方式示例如图 4-9 所示。

2. 梁平法施工图截面注写方式示例

梁平法施工图截面注写方式示例如图 4-10 所示。

第四节　板的识图示例

1. 有梁楼盖平法施工图示例

有梁楼盖平法施工图示例如图 4-11 所示。

2. 无梁楼盖平法施工图示例

无梁楼盖平法施工图示例如图 4-12 所示。

第五节　基础的识图示例

1. 独立基础设计施工图实例

独立基础设计施工图实例如图 4-13 所示。

2. 条形基础设计施工图实例

条形基础设计施工图实例如图 4-14 所示。

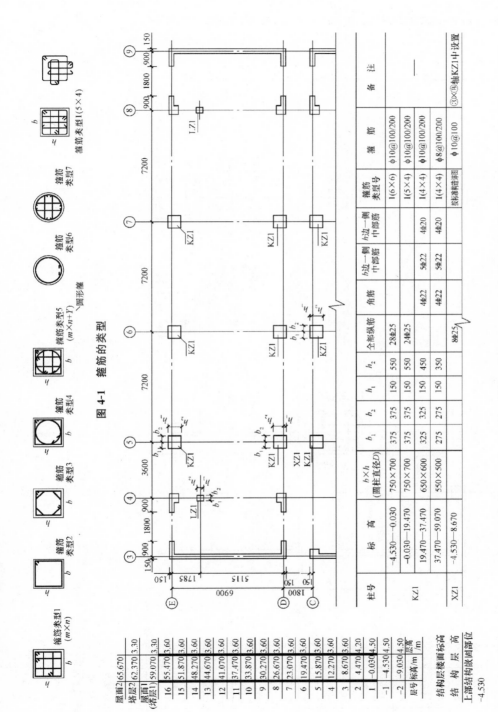

图 4-1 箍筋的类型

箍筋类型1 (m×n)　箍筋类型2　箍筋类型3　箍筋类型4　箍筋类型5 (m×Y n)圆形箍　箍筋类型6　箍筋类型7　箍筋类型1(5×4)

结构层楼面标高 结构层高

层号	标高/m	层高/m
屋面2	65.670	
塔层2	62.370	3.30
屋面1(塔层1)	59.070	3.30
16	55.470	3.60
15	51.870	3.60
14	48.270	3.60
13	44.670	3.60
12	41.070	3.60
11	37.470	3.60
10	33.870	3.60
9	30.270	3.60
8	26.670	3.60
7	23.070	3.60
6	19.470	3.60
5	15.870	3.60
4	12.270	3.60
3	8.670	3.60
2	4.470	4.20
1	-0.030	4.50
-1	-4.530	4.50
-2	-9.030	4.50

上部结构嵌固部位 -4.530

柱号	标高	b×h(圆柱直径D)	b_1	b_2	h_1	h_2	全部纵筋	角筋	b边一侧中部筋	h边一侧中部筋	箍筋类型号	箍筋	备注
KZ1	-4.530~-0.030	750×700	375	375	150	550	28Ф25				1(6×6)	Φ10@100/200	
	-0.030~19.470	750×700	375	375	150	550	24Ф25				1(5×4)	Φ10@100/200	
	19.470~37.470	650×600	325	325	150	450		4Ф22	5Ф22	4Ф20	1(4×4)	Φ10@100/200	
	37.470~59.070	550×500	275	275	150	350		4Ф22	5Ф22	4Ф20	1(4×4)	Φ8@100/200	
XZ1	-4.530~8.670						8Ф25				按标准详图	Φ10@100	③×Ⓑ轴KZ1中设置

图 4-2 -4.530~59.070 柱平法施工图(局部)

注:1. 如采用非对称配筋,需在柱表中增加相应栏目分别表示各边的中部筋。
　　2. 箍筋对纵筋至少隔一拉一。
　　3. 类型1,5的箍筋肢数可有多种组合,上图为5×4的组合,其余类型为固定形式,在表中只注类型号即可。

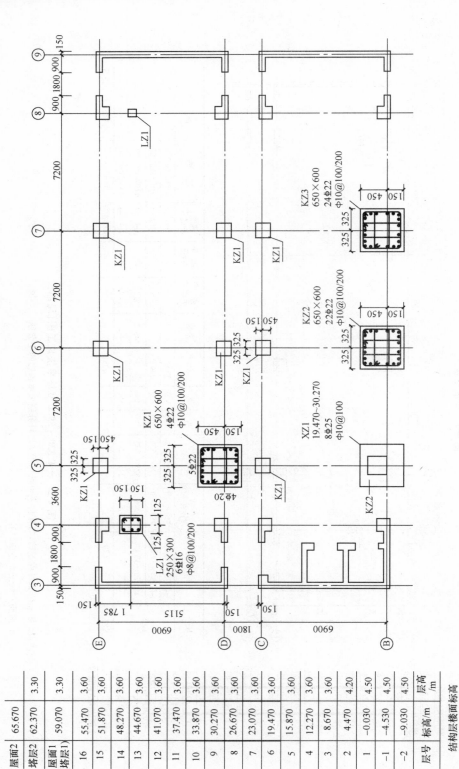

图4-3 19.470~37.470柱平法施工图(局部)

		层高 /m
屋面2	65.670	3.30
塔层2	62.370	3.30
屋面1(塔层1)	59.070	3.60
16	55.470	3.60
15	51.870	3.60
14	48.270	3.60
13	44.670	3.60
12	41.070	3.60
11	37.470	3.60
10	33.870	3.60
9	30.270	3.60
8	26.670	3.60
7	23.070	3.60
6	19.470	3.60
5	15.870	3.60
4	12.270	3.60
3	8.670	3.60
2	4.470	4.20
1	-0.030	4.50
-1	-4.530	4.50
-2	-9.030	4.50
层号	标高/m	层高 /m

结构层楼面标高
结 构 层 高
上部结构嵌固部位
-4.530

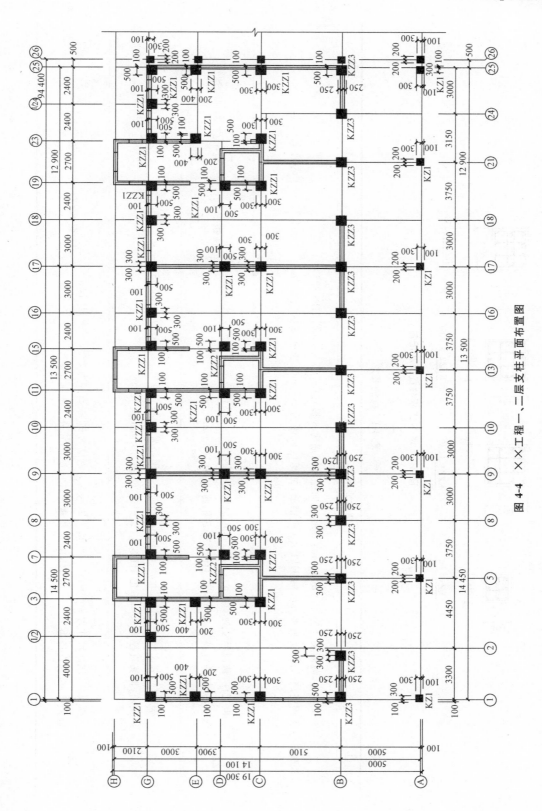

图 4-4 ××工程一、二层支柱平面布置图

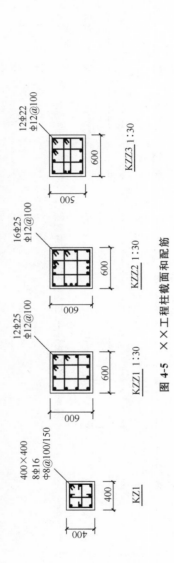

图 4-5 ××工程柱截面和配筋

表 4-1 柱的要求

项目	结构要求	数量
KZ1	框架柱:截面尺寸为 400 mm×400 mm,纵向受力钢筋为 8 根直径为 16 mm 的 HRB335 级钢筋;箍筋直径为 8 mm 的 HPB300 级钢筋,加密区间距为 100 mm,非加密区间距为 150 mm	7 根 KZ1,位于⑥轴线上
KZZ1	框支柱:截面尺寸为 600 mm×600 mm,纵向受力钢筋为 12 根直径为 25 mm 的 HRB335 级钢筋;箍筋直径为 12 mm 的 HRB335 级钢筋,间距 100 mm,全长加密	34 根 KZZ1,分别位于⑥、⑧和⑥轴线上
KZZ2	框支柱:截面尺寸为 600 mm×600 mm,纵向受力钢筋为 16 根直径为 25 mm 的 HRB335 级钢筋;箍筋直径为 12 mm 的 HRB335 级钢筋,间距 100 mm,全长加密	2 根 KZZ2,位于⑩轴线上
KZZ3	框支柱:截面尺寸为 600 mm×500 mm,纵向受力钢筋为 12 根直径为 22 mm 的 HRB335 级钢筋;箍筋直径为 12 mm 的 HRB335 级钢筋,间距 100 mm,全长加密	13 根 KZZ3,位于⑧轴线上

剪力墙梁表

编号	所在楼层号	梁顶相对标高高差	梁截面 $b×h/mm^2$	上部纵筋	下部纵筋	箍筋
LL1	2~9	0.800	300×2000	4Φ25	4Φ25	Φ10@100(2)
	10~16	0.800	300×2000	4Φ25	4Φ25	Φ10@100(2)
	屋面1		250×1200	4Φ22	4Φ22	Φ10@150(2)
LL2	3	-1.200	300×2520	4Φ25	4Φ25	Φ10@150(2)
	4	-0.900	300×2070	4Φ25	4Φ25	Φ10@150(2)
	5~9	-0.900	250×1770	4Φ25	4Φ25	Φ10@150(2)
	10~屋面1	-0.900	250×1770	4Φ22	4Φ22	Φ10@100(2)
LL3	2		300×2070	4Φ25	4Φ25	Φ10@100(2)
	3		300×1770	4Φ25	4Φ25	Φ10@100(2)
	4~9		300×1170	4Φ25	4Φ25	Φ10@100(2)
	10~屋面1		250×1170	4Φ22	4Φ22	Φ10@100(2)
LL4	2		250×2070	4Φ20	4Φ20	Φ10@120(2)
	3		250×1770	4Φ20	4Φ20	Φ10@120(2)
	4~屋面1		250×1170	4Φ20	4Φ20	Φ10@120(2)
AL1	2~9		300×600	3Φ20	3Φ20	Φ8@150(2)
	10~16		250×500	3Φ18	3Φ18	Φ8@150(2)
BKL1	屋面1		500×750	4Φ22	4Φ22	Φ10@150(2)

剪力墙身表

编号	标高/m	墙厚/mm	水平分布筋	垂直分布筋	拉筋(双向)
Q1	-0.030~30.270	300	Φ12@200	Φ12@200	Φ6@600@600
	30.270~59.070	250	Φ10@200	Φ10@200	Φ6@600@600
Q2	-0.030~30.270	250	Φ10@200	Φ10@200	Φ6@600@600
	30.270~59.070	200	Φ10@200	Φ10@200	Φ6@600@600

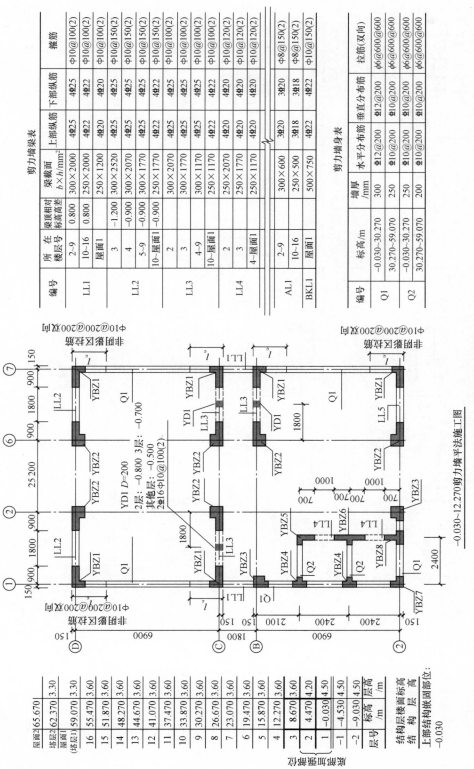

图4-6 剪力墙平法施工图列表注写方式示例

剪力墙柱表

截面			
编号	YBZ1	YBZ2	YBZ3	YBZ4
标高	-0.030~12.270	-0.030~12.270	-0.030~12.270	-0.030~12.270
纵筋	24⊕20	22⊕20	18⊕22	20⊕20
箍筋	Φ10@100	Φ10@100	Φ10@100	Φ10@100

截面			
编号	YBZ5	YBZ6	YBZ7
标高	-0.030~12.270	-0.030~12.270	-0.030~12.270
纵筋	20⊕20	23⊕20	16⊕20
箍筋	Φ10@100	Φ10@100	Φ10@100

-0.030~12.270剪力墙平法施工图(部分剪力墙柱表)

续图 4-6

层号	标高/m	层高/m
屋面2	65.670	
塔层2	62.370	3.30
屋面1(塔层1)	59.070	3.30
16	55.470	3.60
15	51.870	3.60
14	48.270	3.60
13	44.670	3.60
12	41.070	3.60
11	37.470	3.60
10	33.870	3.60
9	30.270	3.60
8	26.670	3.60
7	23.070	3.60
6	19.470	3.60
5	15.870	3.60
4	12.270	3.60
3	8.670	3.60
2	4.470	4.20
1	-0.030	4.50
-1	-4.530	4.50
-2	-9.030	4.50

剪力墙加强部位

结构层楼面标高
结构 层高
上部结构嵌固部位：-0.030

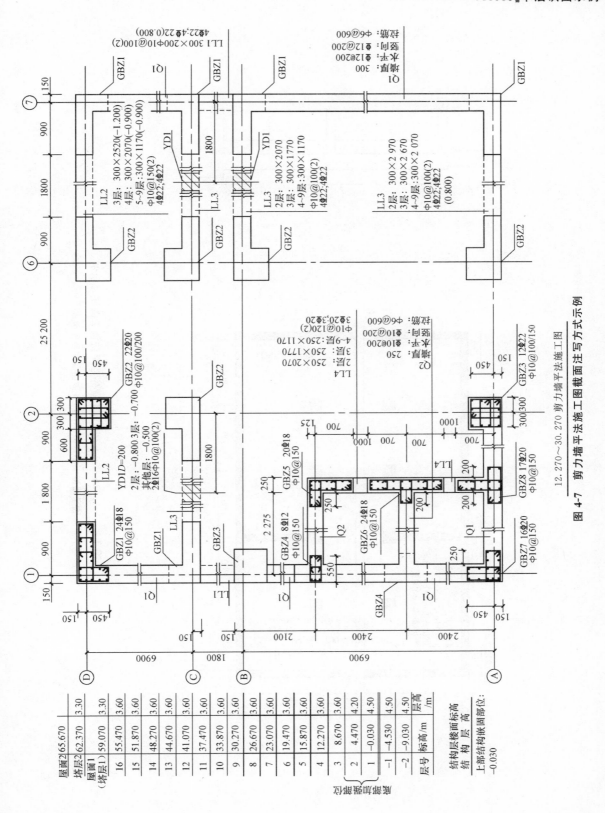

图 4-7　12.270～30.270 剪力墙平法施工图截面注写方式示例　剪力墙平法施工图

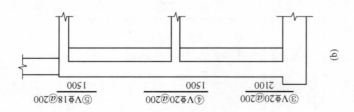

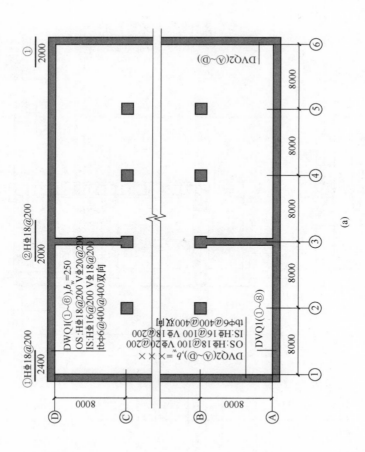

图 4-8 -9.030~-4.500 地下室外墙平法施工图注写示例

(a) 地下室外墙平法施工图；(b) DWQ1 外侧向非贯通通筋布置图（①~⑥）轴

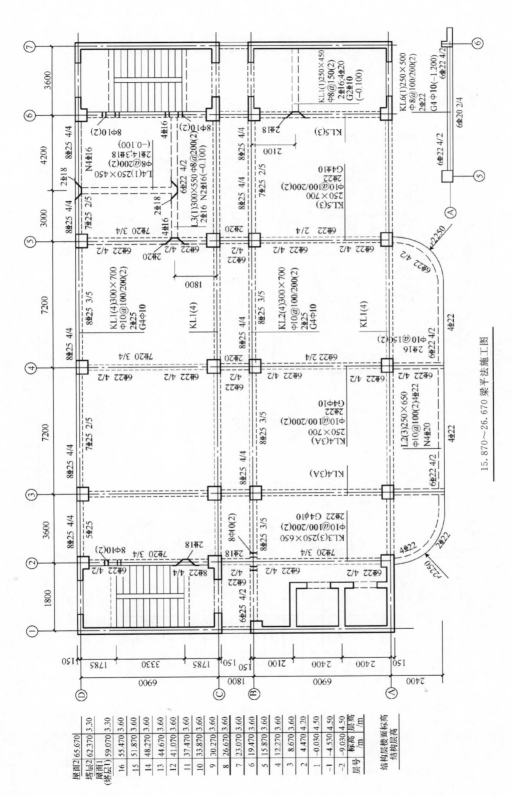

图 4-9　梁平法施工图平面注写方式示例

15.870~26.670梁平法施工图

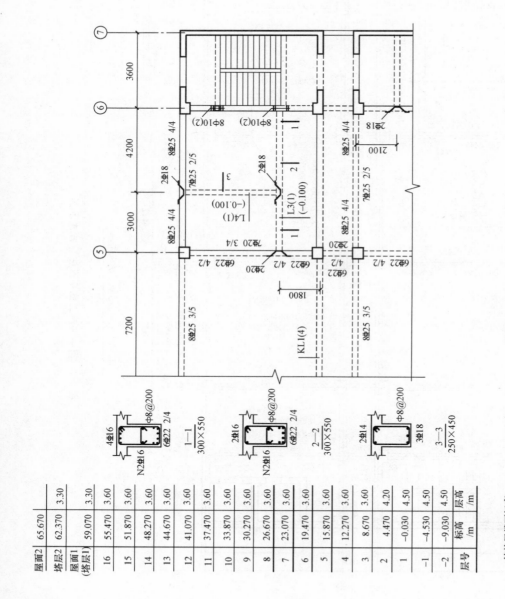

图4-10 梁平法施工图截面注写方式示例

15.870～26.670 梁平法施工图（局部）

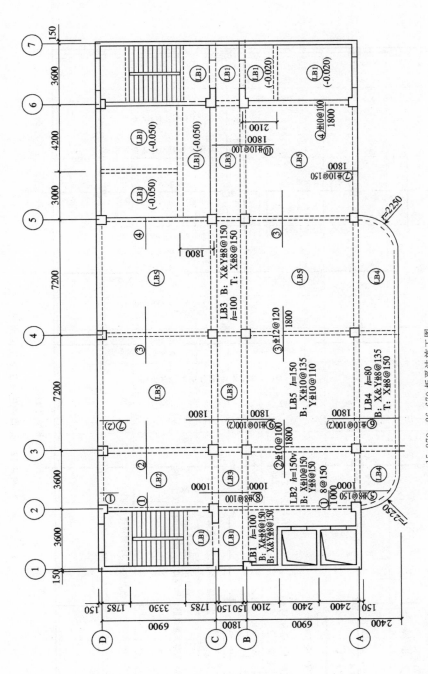

15.870~26.670 板平法施工图

图 4-11　有梁楼盖平法施工图示例

注：可在结构层楼面标高、结构层高表中加设混凝土强度等级等栏目。

层号	标高 /m	层高 /m
屋面2	65.670	3.30
塔层2	62.370	3.30
屋面1 (塔层1)	59.070	
16	55.470	3.60
15	51.870	3.60
14	48.270	3.60
13	44.670	3.60
12	41.070	3.60
11	37.470	3.60
10	33.870	3.60
9	30.270	3.60
8	26.670	3.60
7	23.070	3.60
6	19.470	3.60
5	15.870	3.60
4	12.270	3.60
3	8.670	3.60
2	4.470	4.20
1	-0.030	4.50
-1	-4.530	4.50
-2	-9.030	4.50
层号	标高 /m	层高 /m

结构层楼面标高
结构层高

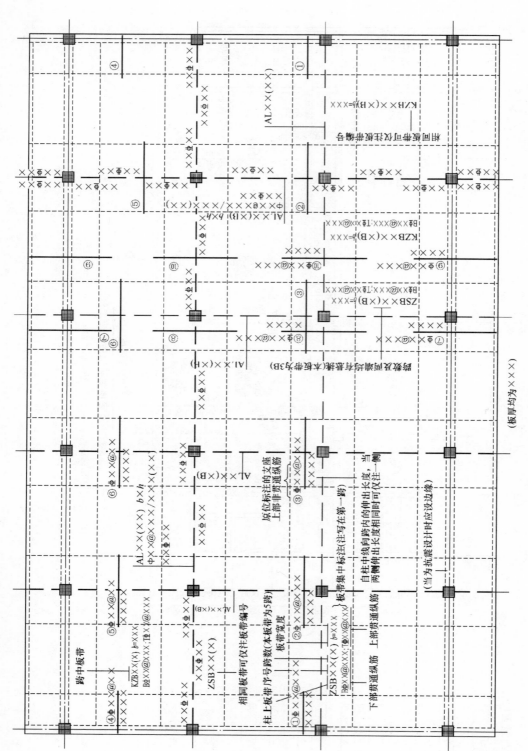

图 4-12 无梁楼盖平法施工图示例

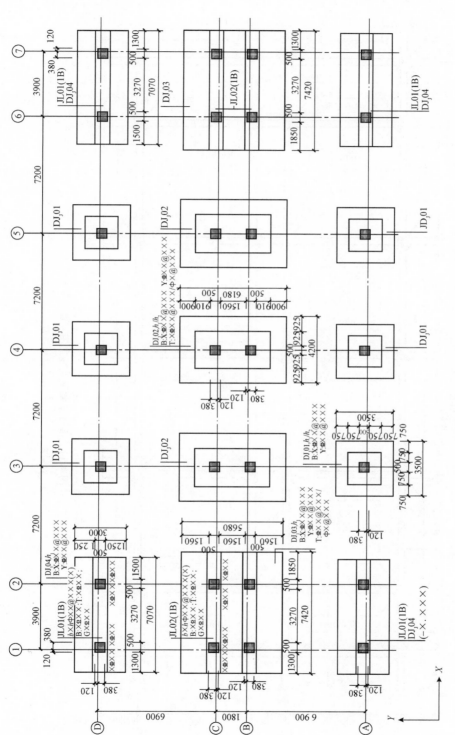

图 4-13　独立基础平法施工图平面注写方式示例

注：1. X、Y 为图面方向。

2. ±0.000 的绝对标高；×××．××××；基础底面基准标高（m）：—×．×××。

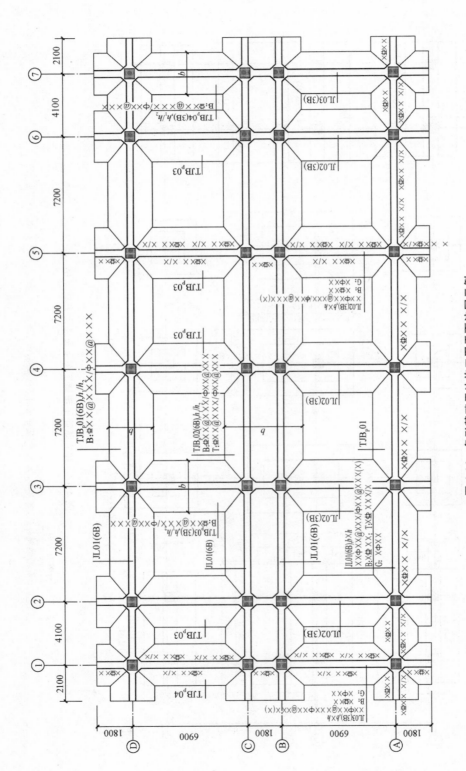

图 4-14 条形基础平法施工图平面注写示例

注：±0.000 的绝对标高；×××.×××；基础底面基准标高（m）：-×.×××。

第六节　楼梯的识图实例

1. 楼梯施工图剖面注写示例

楼梯施工图剖面注写示例如图 4-15 所示。

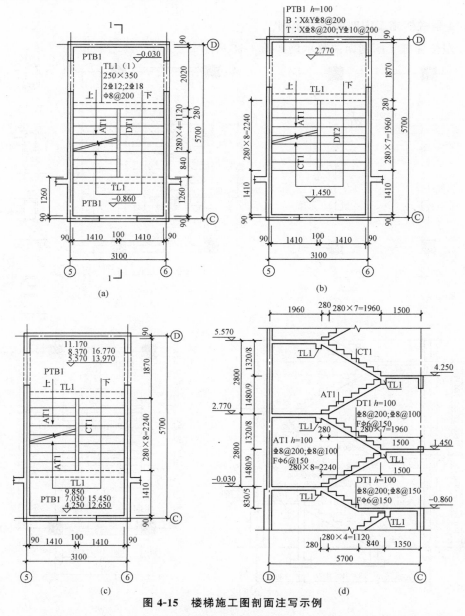

图 4-15　楼梯施工图剖面注写示例

（a）标高−0.860～标高−0.030 楼梯平面图；（b）标高 1.450～标高 2.770 楼梯平面图；

（c）标准层楼梯平面图；（d）1−1 剖面图局部示意

列表注写方式见表 4-2。

表 4-2　列表注写方式

梯板编号	踏步高度/踏步级数	板厚 h/mm	上部纵向钢筋	下部纵向钢筋	分布筋
AT1	1480/9	100	$\Phi 8@200$	$\Phi 8@100$	$\phi 6@150$
CT1	1320/8	100	$\Phi 8@200$	$\Phi 8@100$	$\phi 6@150$
DT1	830/5	100	$\Phi 8@200$	$\Phi 8@150$	$\phi 6@150$

注：本示例中梯板上部钢筋在支座处考虑充分发挥钢筋抗拉强度作用进行锚固。

2. ATa 型楼梯施工图剖面注写示例

ATa 型楼梯施工图剖面注写示例如图 4-16 所示。

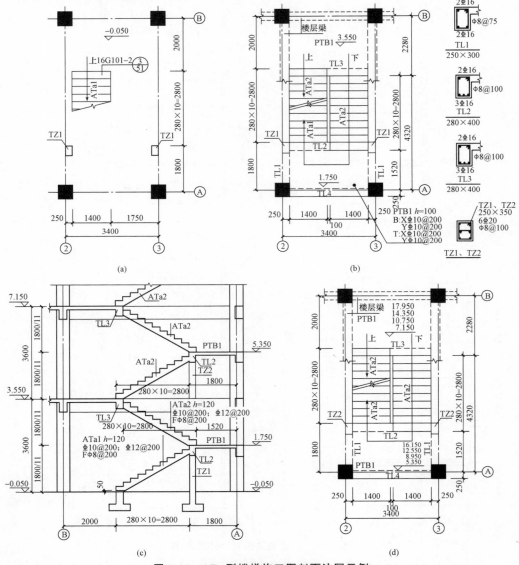

图 4-16　ATa 型楼梯施工图剖面注写示例

(a)标高−0.050 楼梯平面图；(b)标高 1.750～标高 3.550 楼梯平面图；(c)楼梯剖面图(局部示意)；(d)标准层平面图

3. ATb 型楼梯施工图剖面注写示例

ATb 型楼梯施工图剖面注写示例如图 4-17 所示。

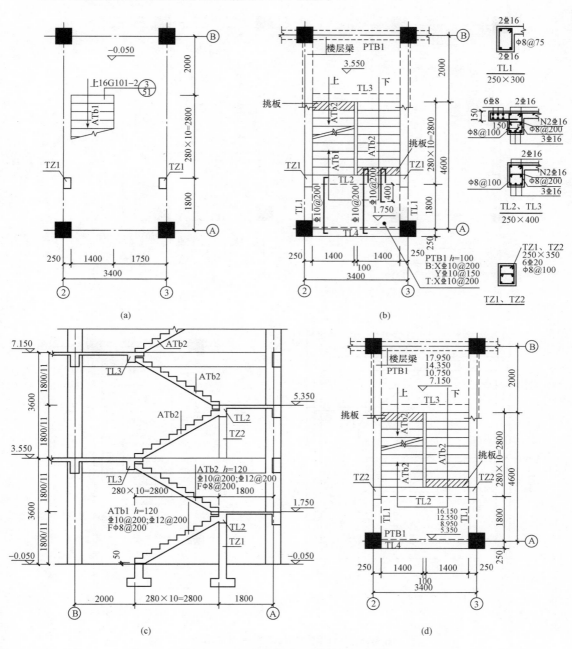

图 4-17 ATb 型楼梯施工图剖面注写示例

（a）标高－0.050 楼梯平面图；（b）标高 1.750～标高 3.550 楼梯平面图；（c）楼梯剖面图（局部示意）；（d）标准层平面图

4. ATc 型楼梯施工图剖面注写示例

ATc 型楼梯施工图剖面注写示例如图 4-18 所示。

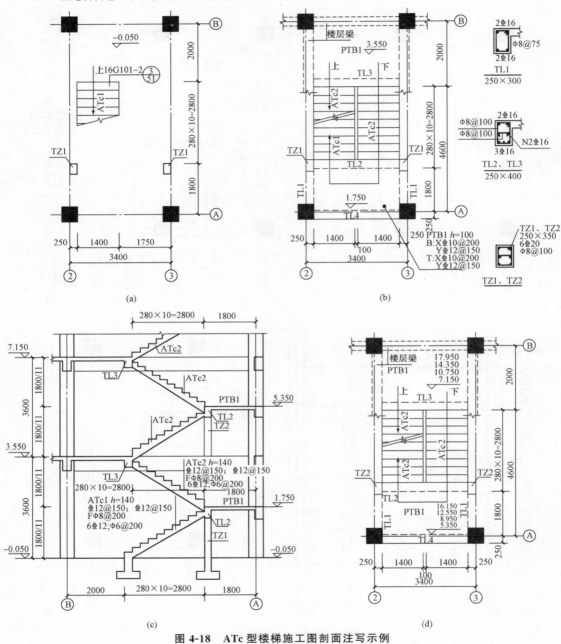

图 4-18　ATc 型楼梯施工图剖面注写示例

(a)标高−0.050 楼梯平面图;(b)标高 1.750〜标高 3.550 楼梯平面图;(c)楼梯剖面图(局部示意);(d)标准层平面图

参考文献

[1]中国建筑标准设计研究院.16G101-1混凝土结构施工图平面整体表示方法制图规则和结构详图(现浇混凝土框架、剪力墙、梁、板)[S].北京:中国建筑标准设计研究院,2016.

[2]中国建筑标准设计研究院.16G101-2混凝土结构施工图平面整体表示方法制图规则和结构详图(现浇混凝土板式楼梯)[S].北京:中国建筑标准设计研究院,2016.

[3]中国建筑标准设计研究院.16G101-3混凝土结构施工图平面整体表示方法制图规则和结构详图(独立基础、条形基础、筏形基础、桩基础)[S].北京:中国建筑标准设计研究院,2016.

[4]中华人民共和国住房和城乡建设部.GB 50204—2015混凝土结构工程施工质量验收规范[S].北京:中国建筑工业出版社,2011.

[5]中华人民共和国住房和城乡建设部.JGJ 18—2012钢筋焊接及验收规程[S].北京:中国建筑工业出版社,2012.

[6]李守巨.平法钢筋识图与算量[M].北京:中国电力出版社,2014.

[7]陈达飞.平法识图与钢筋计算[M].2版.北京:中国建筑工业出版社,2012.

[8]上官子昌.平法钢筋识图与计算细节详解[M].北京:机械工业出版社,2011.

[9]李文渊,彭波.平法钢筋识图算量基础教程[M].北京:中国建筑工业出版社,2009.